高职高专教育"十二五"规划建设教材

辽宁职业学院国家骨干高职院校建设项目成果

园艺植物保护

（园艺、园林、生物技术等专业用）

刘丽云　周显忠　主　编

中国农业大学出版社

·北京·

内 容 简 介

本教材为高职高专教学改革成果教材,打破了传统的编写体例,将理论和操作高度融合,以职业能力培养为核心,工作过程为主线,体现工学结合思想。

园艺植物保护是高职园艺专业的一门重要专业课,主要识别园艺植物常见的病虫害种类,对重要的园艺植物病虫害进行调查测报,制定有效的综合防治方案。本教材主要为病虫害防治基础训练内容,分 4 个项目,12 个任务,每个任务包含任务提出、任务分析、相关专业知识、任务实施、任务考核、归纳总结、自我检测和评价、课外深化等内容。

本教材注重实践,可作为高职高专院校园艺专业的专业课教材,也可作为园林专业、生物技术专业、作物生产技术专业、种子生产与经营专业的参考用书,还可作为各类成人教育相关专业的教材,同时可供广大园艺、园林类技术人员参考。

图书在版编目(CIP)数据

园艺植物保护/刘丽云,周显忠主编. —北京:中国农业大学出版社,2014.7
ISBN 978-7-5655-1131-8

Ⅰ.①园… Ⅱ.①刘…②周… Ⅲ.①园林植物-植物保护-高等职业教育-教材
Ⅳ.①S436.8

中国版本图书馆 CIP 数据核字(2014)第 285459 号

书　　名	园艺植物保护			
作　　者	刘丽云　周显忠　主编			
策划编辑	陈　阳　王笃利　伍　斌		责任编辑	冯雪梅
封面设计	郑　川			
出版发行	中国农业大学出版社			
社　　址	北京市海淀区圆明园西路 2 号		邮政编码	100193
电　　话	发行部 010-62818525,8625		读者服务部	010-62732336
	编辑部 010-62732617,2618		出 版 部	010-62733440
网　　址	http://www.cau.edu.cn/caup		e-mail	cbsszs @ cau.edu.cn
经　　销	新华书店			
印　　刷	北京时代华都印刷有限公司			
版　　次	2014 年 7 月第 1 版　2014 年 7 月第 1 次印刷			
规　　格	787×1 092　16 开本　10.5 印张　256 千字			
定　　价	23.00 元			

图书如有质量问题本社发行部负责调换

编审委员会

编 审 人 员

主　编　刘丽云　周显忠

副主编　黄艳青

参　编　（按姓氏拼音为序）

白　鸥（辽宁职业学院）

彭志国（铁岭市植保站）

武景和（辽宁职业学院）

王　照（铁岭市园林绿化管理局）

朱　彪（辽宁职业学院）

张桂凡（辽宁职业学院）

张秀花（辽宁职业学院）

主　审　刘志恒（沈阳农业大学）

总　序

　　《国务院关于加快发展现代职业教育的决定》（国发［2014］19 号）中提出加快构建现代职业教育体系，随后下发的国家现代职业教育体系建设规划（2014—2020 年）明确提出建立产业技术进步驱动课程改革机制，按照科技发展水平和职业资格标准设计课程结构和内容，通过用人单位直接参与课程设计、评价和国际先进课程的引进，提高职业教育对技术进步的反应速度。到 2020 年基本形成对接紧密、特色鲜明、动态调整的职业教育课程体系，建立真实应用驱动教学改革的机制，推动教学内容改革，按照企业真实的技术和装备水平设计理论、技术和实训课程；推动教学流程改革，依据生产服务的真实业务流程设计教学空间和课程模块；推动教学方法改革，通过真实案例、真实项目激发学习者的学习兴趣、探究兴趣和职业兴趣。这为国家骨干高职院校课程建设提供了指针。

　　辽宁职业学院经过近十年高职教育改革、建设与发展，特别是近三年国家骨干校建设，以创新"校企共育，德技双馨"的人才培养模式，提升教师教育教学能力，在课程建设尤其是教材建设方面成效显著。学院本着"专业设置与产业需求对接、课程内容与职业标准对接、教学过程与生产过程对接"的原则，以学生职业能力和职业素质培养为主线，以工作过程为导向，以典型工作任务和生产项目为载体，立足岗位工作实际，在认真总结、吸取国内外经验的基础上开发优质核心课程特色系列教材，体现出如下特点：

　　1. 教材开发多元合作。发挥辽西北职教联盟政、行、企、校、研五方联动优势，聘请联盟内专家、一线技术人员参与，组织学术水平较高、教学经验丰富的教师在广泛调研的基础上共同开发教材；

　　2. 教材内容先进实用。涵盖各专业最新理念和最新企业案例，融合最新课程建设研究成果，且注重体现课程标准要求，使教材内容在突出培养学生岗位能力方面具有很强的实用性。

　　3. 教材体例新颖活泼。在版式设计、内容表现等方面，针对高职学生特点做了精心灵活设计，力求激发学生多样化学习兴趣，且本系列教材不仅适用于高职教学，也适用于各类相关专业培训，通用性强。

　　国家骨干高职院校建设成果——优质核心课程系列特色教材现已全部编印完成，即将投入使用，其中凝聚了行、企、校开发人员的智慧与心血，凝聚了出版界的关心关爱，希望该系列教材的出版能发挥示范引领作用，辐射、带动同类高职院校的课程改革、建设。

　　由于在有限的时间内处理海量的相关资源，教材开发过程中难免存在不如意之处，真诚希望同行与教材的使用者多提宝贵意见。

2014 年 7 月于辽宁职业学院

编 者 序

在生活中,美丽的花朵、芳香的果实愉悦了我们的心情,装点了我们的生活,但却也时不时出现一些不和谐的现象,破坏了这种美,如下图所示的图片中,翠绿的一丛牡丹,叶片上却产生一块块醒目的黄斑,或赫然趴伏一只令人恶心的虫子在肆意危害,红彤彤的桃子上出现了一堆虫粪,让人不禁眉头一皱,如此状况又怎能开出绚烂的花朵,奉献芳香的果实呢? 这种现象是怎么回事呢?

花卉、果树遭受病虫害危害图片

原来,这样的园艺植物在生长发育过程中不可避免地会受到各种病虫的危害,导致园艺植物生长不良,叶、花、果、茎、根常出现畸形、变色、腐烂、凋萎及落叶等现象,失去观赏价值及绿化效果,甚至引起整株死亡,给城市绿化和果蔬生产造成很大的损失。为保证这些植物的正常生长发育,有效的发挥其观赏功能及绿化效益,病虫害的防治是不可缺少的环节。因此,能够准确识别和诊断这些常发性病虫害,做到及时发现、及时预防,科学有效地控制其危害是极其必要的。

本书设置了 4 个项目,12 个工作任务,藉此引导学生识别常见园艺植物病虫害,熟悉常见害虫的形态特征和危害特点,分辨常见病害的症状特点及相应病原的形态结构,了解病虫的生物学特性与防治的关系。为准确识别病虫打下坚实基础。

前　言

　　《园艺植物保护》是国家骨干高职院校标准化建设教学改革成果教材。

　　随着经济发展和社会进步，以及人们对生活质量认识的进一步提高，生产绿色、无公害甚至有机园艺产品已成为社会的必然；同时，创造优美的生活环境也提到了一个重要日程。但在这项工作开展的过程中，常常由于病虫害的发生，严重阻碍了其发展进程。因此，培养栽培管理和病虫害防治技能兼备的应用型人才是当今农业高职院校的重要任务。"园艺植物保护"课程是农业高职院校农学、园艺、园林、生物技术等专业的核心专业课程，具有很强的实践性，是园艺、园林生产一个重要的技术环节。本课程主要学习昆虫基本知识、植物病害基本知识、农药应用基本知识、病虫害调查测报与防治基本知识，着重培养园艺植物病虫害的识别诊断能力、调查测报能力、病虫害防治能力。

　　本教材根据当前高职高专教学改革的主要目标和方向，强化能力培养，以项目任务为载体，体现工学结合教学理念，突出实践。

　　本教材由刘丽云、周显忠任主编，黄艳青任副主编，参编的有白鸥、张秀花、朱彪、张桂凡、武景和，同时来自于企业的彭志国和王照也参加了编写工作。全书由刘丽云、周显忠完成大纲编写和统稿工作，由沈阳农业大学刘志恒教授担任主审，审阅了全书。

　　在编写过程中，得到了许多高校同行的大力支持，在此表示真诚的感谢。这里需要特意声明的是，本教材在编写过程中，参考、借鉴和引用了有关文献资料和网上资料，在此，谨向各位专家表示诚挚的谢意！

　　由于编写水平有限，我们难免有疏漏或不当之处，欢迎各位专家和读者批评指正。

编　者

2014 年 9 月

目　录

项目一　识别常见园艺害虫与天敌

【知识目标】

通过对昆虫外部形态和各虫态特征等相关内容的学习,为识别昆虫类群打下基础,为提高园艺植物病虫害防治能力打下良好基础。

【能力目标】

能准确识别昆虫的口器、触角、足和翅,掌握昆虫各虫态的重要特征,对常见昆虫准确分类。

危害园艺植物的昆虫的种类繁多,形态千差万别,那么如何识别昆虫的种类,有效利用益虫和控制害虫呢? 这就是我们在本项目中要完成和学习的内容。

本项目共分三个任务来完成:1.识别昆虫外部形态;2.识别昆虫各虫态;3.识别常见园艺昆虫类群。

任务一　识别昆虫外部形态

【知识点】了解昆虫的外部形态特征,掌握昆虫头、胸、腹及其附肢的结构与特点。

【能力点】能够辨别常见昆虫足、翅、触角、口器的类型。能够区分昆虫与其他节肢动物。

【任务提出】

大千世界,生活在人们周围的生物各种各样,有色彩绚烂的蝴蝶,有辛勤的蜜蜂,有凶猛的螳螂,还有大力士蚂蚁,厨房中的蟑螂,有毒的蜈蚣,讨厌的蚊子,吓人的蚰蜒,美味的螃蟹和虾等等,那么,它们中哪些是昆虫,哪些又不是呢? 昆虫又有哪些特征呢? 如图1-1所示。

【任务分析】

世界上的昆虫种类繁多,形态纷繁复杂,其外部形态是鉴定和识别昆虫的一个最重要的根据,所以,首先要学会识别常见的口器、触角、足和翅有哪些类型,都有哪些重要特征,反过来我们才能够根据昆虫各附肢的特点来分析各附肢所属类型,并鉴定昆虫所属类群及具体名称。所以,认真学习掌握这部分基础知识很重要。

图 1-1　昆虫及其近亲动物对比与常见昆虫图谱

【相关专业知识】

一、昆虫的基本特征

昆虫属于动物界、节肢动物门、昆虫纲。昆虫是小型的节肢动物,身体分为头、胸、腹三个体段,并具有六足、多数有四翅,头部具有口器、触角和眼。具有上述特征的节肢动物都是昆虫。此外,昆虫的一生,外部形态要发生一系列的变化,人们称之变态。

二、昆虫的头部

(一)昆虫的头式

昆虫头部的形式称为头式。根据口器在头部的着生位置和方向,昆虫的头式可分为下口式、前口式、后口式三种类型。

(二)触角

所有的昆虫都具有 1 对触角,着生于两复眼之间的触角窝内。触角一般可分为三个部分,基部第一节称为柄节,通常短粗,第二节称为梗节,较细小,其余各节统称鞭节。触角是昆虫接收信息的重要感觉器官,表面分布有许多感觉器,具有嗅觉和触觉的功能,在昆虫的觅食、求偶和避敌方面具有重要功能。

常见的触角类型如下:

(1)刚毛状　触角短,柄节与梗节较粗大,其余各节细似刚毛。如蜻蜓、蝉、叶蝉的触角。

(2)丝状(线状)　细长,除柄节、梗节略粗外,其余各节大小、形状相似,向端部渐细。如蟋蟀、螳螂的触角。丝状触角是昆虫中最常见的类型。

(3)念珠状　柄节长粗,梗节小,其余各节似圆球形,相互连接似一串念珠。如吸浆虫的触角。

(4)棒状(球杆状)　与线状触角相似,但近端部数节膨大如棒。如蝶类触角。

(5)锤状　似棒状但触角较短,鞭节端部突然膨大,形状如锤。如瓢虫等一些甲虫的触角。

(6)锯齿状　鞭节各亚节端部呈锯齿状向一侧突出。如大多叩头甲的触角。

(7)栉齿状(梳状) 鞭节各亚节端部向一侧显著突出,状如梳栉。如部分叩头甲的触角。

(8)羽毛状(双栉状) 鞭节各亚节向两侧突出,形如羽毛,或似篦子。如雄蚕蛾的触角。

(9)膝状(肘状) 柄节极长,梗节小,鞭节各亚节形状及大小相似,在梗节处呈肘状弯曲。如蜜蜂、蚂蚁及部分象甲的触角。

(10)环毛状 除柄节和梗节外,鞭节各亚节具一圈细毛。如摇蚊的触角。

(11)具芒状 鞭节不分亚节,较柄节和梗节粗大,侧生有刚毛状的触角芒。如蝇类的触角。

(12)鳃状 鞭节端部几节扩展成片,形如鱼鳃。如金龟甲的触角。

(三)眼

眼是昆虫的视觉器官,在取食、群集和定向活动等方面起着重要作用。昆虫的眼有单眼和复眼之分。昆虫一般具有1对复眼,多为圆形或卵圆形,着生在头部的两侧,是昆虫的主要视觉器官。昆虫的单眼有背单眼和侧单眼之分,数目通常为3个,也有的退化或数目减少,与复眼相比,功能较弱,不能分辨物体形状,只能感受光线的强弱和方向。

(四)口器

口器是昆虫的取食器官。各种昆虫因食性和取食方式的不同,口器常常在构造上发生一系列变化,形成了不同的口器类型。例如,取食固体食物的为咀嚼式,取食液体食物的为吸收式。吸收式口器包括兼食固体和液体食物的嚼吸式,蚊类的刺吸式口器,蛾、蝶类成虫所特有虹吸式口器,蓟马的锉吸式口器,牛虻的刮吸式口器、家蝇的舐吸式口器。

三、昆虫的胸部

胸部是昆虫的第二体段,以膜质颈与头部相连。胸部着生有3对足和2对翅。胸部由三个体节组成,每一胸节下方各着生一对胸足。多数昆虫在中、后胸上方各着生一对翅。足和翅都是昆虫的行动器官,所以胸部是昆虫的运动中心。

(一)昆虫的足

1.胸足的构造

成虫的胸足一般分为6节,由基部向端部依次称为基节、转节、腿节、胫节、跗节和前跗节。

2.胸足的类型

由于生活环境和活动方式的不同,昆虫足的形态和功能发生了相应的变化,演变成不同的类型。

(1)步行足 是昆虫中最常见的一种足的类型。各节较细长,适于在物体表面行走。如步行甲、蚂蚁、蝽象等的足。

(2)跳跃足 一般由后足特化而成,腿节特别膨大,胫节细长,适于跳跃。如蝗虫、蟋蟀等的后足。

(3)开掘足 一般由前足特化而成,胫节宽扁有齿,适于掘土。如蝼蛄的前足。

(4)捕捉足 为前足特化而成。基节延长,腿节腹面有槽,槽边有两排硬刺,胫节腹面也有刺。胫节可以折嵌在腿节的槽内,形似铡刀。如螳螂、猎蝽的前足。

(5)游泳足 足扁平,胫节和跗节边缘生有长毛,用以划水。如龙虱、仰蝽等水生昆虫的后足。

(6)抱握足　足粗短,跗节特别膨大,具吸盘状构造,在交尾时用以抱握雌体。如雄性龙虱的前足。

(7)携粉足　胫节宽扁,两边有长毛,用以携带花粉,通称"花粉篮"。第一节跗节很大,内面有 10～12 排横列的硬毛,用以梳刮附着在身体上的花粉。如蜜蜂的后足。

(8)攀缘足　各节较粗短,胫节端部具一指状突,跗节和前跗节弯钩状,构成一个钳状构造,能牢牢夹住人、畜毛发等。如虱类的足。

(二)昆虫的翅

翅是昆虫的飞行器官,昆虫是无脊椎动物中唯一能飞的动物。翅的发生,使昆虫在觅食、求偶、避敌和扩大地理分布方面获得了强大的生存竞争力,而使得昆虫成为了动物界中最繁盛的一个类群。

1. 翅的构造

昆虫的翅常呈三角形,分为三缘、三角、四区。

2. 翅脉和脉序

在昆虫的翅上,有许多由气管演化而来的翅脉,像扇子的扇骨一样,起着加固翅面,对整个翅面起着支架的作用。翅脉在翅面上的分布形式称为脉序。翅脉有纵脉与横脉之分。纵脉是由翅基部伸到外缘的翅脉,横脉是横列在纵脉之间的短脉。纵脉与横脉之间,或翅脉与翅缘之间常构成各种小室,称为翅室。翅的类型、翅脉和翅室常是昆虫分类的主要依据,在识别昆虫中具有重要作用。

3. 翅的类型

(1)膜翅　翅膜质,薄而透明,翅脉明显可见。如蜂类、蜻蜓的翅,甲虫、蝼蛄等的后翅。

(2)复翅　蝗虫等直翅类昆虫的前翅质地坚韧如皮革,半透明,有翅脉。

(3)鞘翅　翅质地坚硬如角质,不用于飞行,用来保护背部和后翅,如甲虫类的前翅。

(4)半鞘翅　基半部为皮革质或角质,端半部为膜质有翅脉。如蝽蟓前翅。

(5)鳞翅　翅质地为膜质,但翅上有许多鳞片。如蛾蝶类的前后翅。

(6)毛翅　翅膜质,翅面和翅脉上生有许多细毛,翅不透明或半透明。如毛翅目昆虫的翅。

(7)缨翅　前后翅狭长,翅脉退化,翅的质地膜质,边缘上着生很多细长缨毛。如蓟马的翅。

(8)棒翅(平衡棒)　双翅目昆虫和蚧壳虫雄虫的后翅退化成很小的棒状构造,飞翔时用以平衡身体,称平衡棒。

四、昆虫的腹部

腹部是昆虫的第三体段,紧连于胸部之后,一般没有分节的附肢,里面包藏有各种内脏器官,端部着生有雌雄外生殖器和尾须。内脏器官在昆虫的新陈代谢中发挥着重要的作用,雌雄外生殖器主要承担了与生殖有关的交尾产卵等活动,尾须在交尾产卵过程中对外界环境进行感觉,所以说腹部是昆虫新陈代谢和生殖的中心。

成虫的腹部一般呈长筒形或椭圆形,但在各类昆虫中常有较大的变化,一般由 9～11 节组成,第 1～8 节两侧常具有 1 对气门。腹部的构造比胸部简单,各节之间以节间膜相连,并相互套叠,利于交配、产卵和避敌。腹部只有背板和腹板,侧板被侧膜所取代。

五、昆虫的体壁

体壁是包在整个昆虫体躯(包括附肢)最外层的组织,它兼具皮肤和骨骼双重功能,又称外骨骼。它的骨骼作用主要表现在着生肌肉,固定体躯,保持昆虫固有的体形和特征,保护内部器官免受外部机械袭击。它的皮肤作用表现在防止体内水分过度蒸发,防止外部有毒物质和有害微生物的入侵,感受外界刺激。

(一)体壁的构造

昆虫的体壁由底膜、皮细胞层、表皮层三大部分组成。昆虫的表皮由内表皮、外表皮和上表皮三层组成。

(二)体壁的衍生物

体壁的衍生物指的是由皮细胞和表皮发生的特化构造,大致可分为两类,一类是发生在体壁外的,称体壁的外展物,有刺、距、刚毛、鳞片、毒毛。另一类是发生在体内,由体壁内陷形成的,多为由皮细胞特化的具有分泌作用的腺体,如唾腺、丝腺、蜡腺、毒腺和臭腺等。

【任务实施】

一、材料及工具的准备

(1)材料　蝗虫(雌雄)、步甲、蝉、白蚁、叩甲、绿豆象(雄)、蓑蛾(雄)、蝶类、瓢虫、金龟子、蜜蜂、蚊(雄)、蝇类、蓟马、螳螂、蝼蛄、龙虱(雄)、蜂类等昆虫标本。

(2)器材　手持放大镜、体视显微镜、泡沫塑料板、镊子、解剖针等。

二、任务实施步骤

(一)昆虫体躯基本构造的观察识别

取蝗虫一头放入蜡盘中,首先观察蝗虫的体躯是否左右对称,是否被外骨骼包围;然后观察体躯是否分为头、胸、腹三个体段,以及胸、腹各由多少体节组成,头胸是如何连接的;用左手拿住蝗虫,右手用镊子轻轻拉动一下腹末,观察节与节之间的节间腹;最后观察触角、复眼、单眼、口器、胸足、翅以及听器、尾须、雌雄外生殖器等的着生位置、形态和数目。以家蚕为例观察侧单眼,必要时可借助手持放大镜或体视显微镜进行观察。图1-2为东亚飞蝗基本结构。

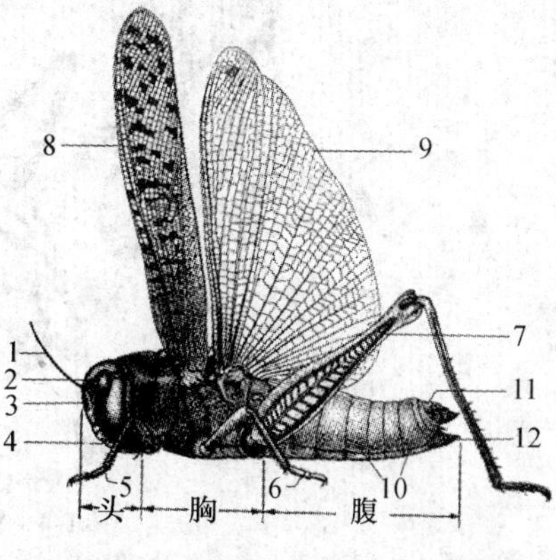

图1-2　以东亚飞蝗示昆虫基本构造

1.触角　2.复眼　3.单眼　4.口器　5.前足　6.中足　7.后足　8.前翅　9.后翅　10.气门　11.尾须　12.产卵器

(二)昆虫头式的观察识别

以蝗虫、步甲、蝉为例观察它们口器的着生方向,判别它们属何种头式。如图1-3所示。

图 1-3 昆虫的头式
1.下口式(螽斯) 2.前口式(步甲) 3.后口式(蝉)

(三)口器构造观察识别

1.咀嚼式口器观察

将上面观察的蝗虫头部取下,观察咀嚼式口器,认清上唇、上颚、下颚、下唇、舌。如图 1-4
所示。

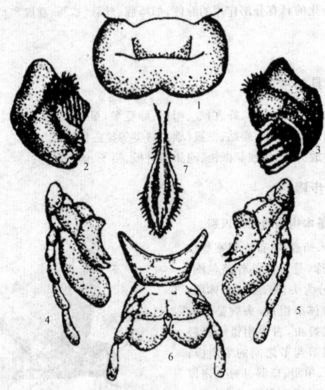

图 1-4 蝗虫的咀嚼式口器
1.上唇 2、3.上颚 4、5.下颚 6.下唇 7.舌

(1)然后用小镊子轻轻掀起上唇,并沿着唇基取下。

(2)取下上唇之后,即露出上颚,先后取下,仔细观察其切区和磨区。

(3)小心取下下唇,仔细观察下唇由后颏、前颏、侧唇舌、中唇舌和下唇须五部分,观察下唇
须分布情况。

(4)取下下唇之后,就露出下颚,小心取下并观察轴节、茎节、内颚叶、外颚叶和下颚须由几节

组成。

（5）取下上、下唇和上、下颚之后，中央留下的一个囊状物，即舌。

2. 刺吸式口器的观察识别

以蝉为材料，仔细观察在头的下方具有一根三节的管状下唇；将头取下，左手执蝉的头部，使其正面向上，下唇向右，右手轻轻下按下唇，透过光线可见紧贴在下唇基部的一块三角形小骨片即为上唇；将下唇自基部轻轻拉掉，在体视显微镜下观察可见由上、下颚组成的3根口针，两侧的为一对上颚口针，中间的一根为由两下颚嵌合而成的下颚口针，用解剖针轻轻挑动口针基部，可将其分开。如图1-5所示。

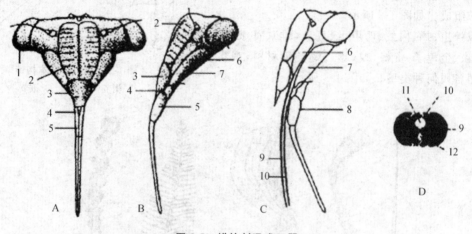

图1-5 蝉的刺吸式口器

A.头部正面观 B.头部侧面观 C.口器各部分分解 D.口针横切面

1.复眼 2.额 3.唇基 4.上唇 5.喙管 6.上颚骨片 7.下颚骨片

8.下唇 9.上颚口针 10.下颚口针 11.食物道 12.唾道

3. 虹吸式口器的观察识别

以蝶类为材料，观察头部下方有一条细长卷曲似发条状的虹吸管。如图1-6所示。

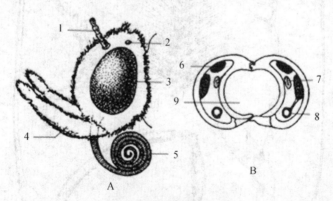

图1-6 蛾蝶的虹吸式口器

A.头部侧面观 B.喙的横切面

1.触角 2.单眼 3.复眼 4.下唇须 5.喙 6.肌肉 7.神经 8.气管 9.食物道

4. 锉吸式口器的观察识别

在体视显微镜下观察蓟马示范玻片标本，可见其倒锥状的头部内有 3 根口针，右上颚口针退化，左上颚口针突出在口器外，以此锉破植物。

5. 舐吸式口器的观察识别

在体视显微镜下观察蝇类口器示范玻片标本，可见其由基喙、中喙、唇瓣三部分组成。

(四)昆虫触角的观察识别

用手持放大镜或体视显微镜观察蜜蜂触角的基本构造，区别出柄节、梗节和鞭节，特别注意鞭节又是由许多亚节组成。如图 1-7 所示。

以蝗虫、蝉、白蚁、叩甲、绿豆象(雄)、蓑蛾(雄)、蝶类、瓢虫、金龟子、蜜蜂、蚊(雄)、蝇类为材料，观察它们的触角各属何种类型。如图 1-8 所示。

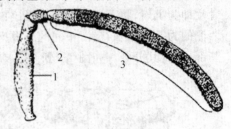

图 1-7　触角的基本构造
1. 柄节　2. 梗节　3. 鞭节

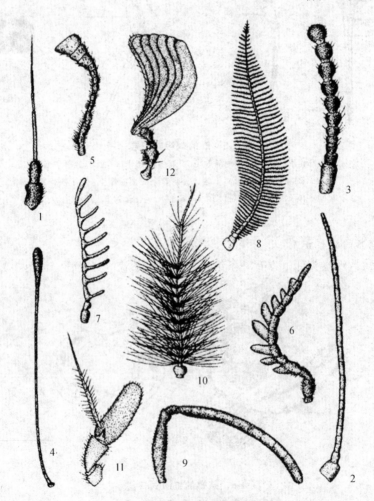

图 1-8　昆虫触角的基本类型
1. 刚毛状　2. 线状　3. 念珠状　4. 棒状　5. 锤状　6. 锯齿状
7. 栉齿状　8. 羽毛状　9. 膝状　10. 环毛状　11. 具芒状　12. 鳃片状

(五)昆虫胸足的观察识别

以蝗虫的中足为例,观察足的基节、转节、腿节、胫节、跗节和前跗节的构造。如图1-9所示。

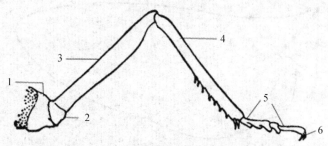

图1-9 昆虫胸足的基本构造
1.基节 2.转节 3.腿节 4.胫节 5.跗节 6.前跗节

对比观察其后足,以及蝼蛄、螳螂、龙虱(雄)的前足;蜜蜂、龙虱的后足;步行虫的足,辨别它们的变化特点及类型。在体视显微镜下观察家蚕的腹足及趾钩。如图1-10所示。

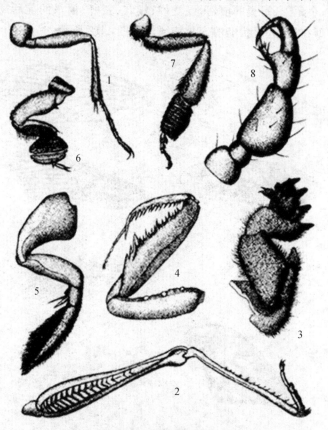

图1-10 昆虫胸足的类型
1.步行足 2.跳跃足 3.开掘足 4.捕捉足
5.游泳足 6.抱握足 7.携粉足 8.攀缘足

(六)昆虫翅的观察识别

取蝗虫一头,将后翅展开,观察翅脉,以及三缘、三角、三褶和四区。如图1-11所示。

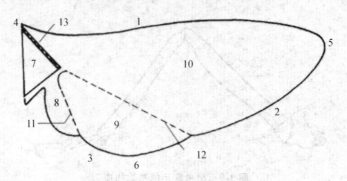

图1-11 昆虫翅的基本构造

1.前缘 2.外缘 3.内缘 4.肩角 5.顶角 6.臀角 7.腋区
8.轭区 9.臀区 10.臀前区 11.轭褶 12.臀褶 13.基褶

对比观察蝗虫、金龟子、蜻类的前翅,以及蝉、蝴蝶、蜜蜂、蓟马的前后翅;蝇类的后翅。比较不同昆虫翅的类型在质地、形状上的变异特征。如图1-12所示。

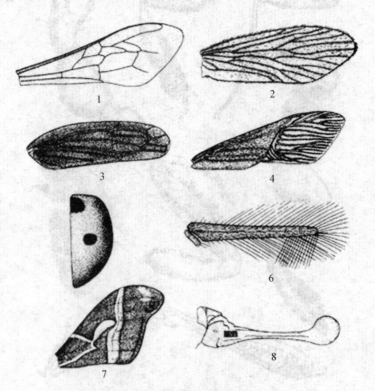

图1-12 昆虫翅的类型

1.膜翅 2.毛翅 3.覆翅 4.半翅 5.鞘翅 6.缨翅 7.鳞翅 8.棒翅

(七)昆虫外生殖器基本构造的观察

以雌性蝗虫为材料观察雌外生殖器即产卵器的背瓣、内瓣和腹瓣,以及导卵器、产卵孔等;以雄性蝗虫为材料观察雄外生殖器,即交配器的阳茎、阳茎基,以雄蛾为材料观察抱握器等。

【任务考核】

任务考核单

序号	考核内容	考核标准	分值	得分
1	体躯的基本构造观察	正确划分体段并能说明特点与各部名称	20	
2	口器与头式的观察	指明口器的各部名称与类型;正确区别头式	15	
3	触角的观察	指明各部名称;并能区分不同类型的触角	15	
4	胸足的观察	指明足的各部名称,并能区分胸足的类型	10	
5	翅的观察	指明翅的三边三角四区,并能区分其类型	10	
6	外生殖器的观察	指明各部名称,并能正确区分雌雄昆虫	10	
7	问题思考与回答	在整个任务完成过程中积极参与,独立思考	20	

【归纳总结】

通过观察可知昆虫的外部特征如下:

1.体躯分为头、胸、腹三个体段。

2.头部是感觉和取食中心,具有口器(嘴)和1对触角,通常还有复眼及单眼。

3.胸部是运动中心,具3对足,一般还有2对翅。

4.腹部是生殖与代谢中心,其中包含着生殖器和大部分内脏。

5.昆虫在生长发育过程中要经过一系列内部及外部形态上的变化,才能转变为成虫。

有了昆虫的特征,对前面的问题你现在已经知道了答案:蜘蛛、蝎子的身体分为头胸部和腹部两段,还长着8条腿,所以不是昆虫。蜈蚣、马陆的腿就更多了,几乎每一环节(体节)上都有1~2对足,当然就更不是昆虫了,属于多足纲。

【自我检测和评价】

1.如何根据昆虫的外部形态来理解昆虫的种类为什么如此之多,数量如此之大,分布如此之广?

2.如何根据昆虫的头式来大致判断它们是益虫还是害虫?

3.如何根据昆虫口器的不同类型来推断它们加害植物后的害状,以及如何选择用药?

4.如何根据昆虫足的不同类型来推断它们的生活环境和行为习性?

【课外深化】

一、昆虫的特点

(1)种类多 昆虫是动物界中种类最多的一个类群,估计地球上的昆虫可能有1 000万种,目前已知 100 万种左右,占动物界已知种类的 2/3。

(2)繁殖快　昆虫中每雌产卵在 100 个以上的种类十分常见,多的可达 1 000 多个,群栖性昆虫白蚁的部分种类,蚁后每天可产卵 15 000 多个,并能维持数量很少间断。昆虫不仅产卵量大,而且发育快,大多数昆虫一年内就能完成一代、几代,甚至十几代,蚜虫在我国南方一年可发生二三十代。

(3)数量大　一窝蚂蚁可多达 50 多万个个体,一株苹果树可拥有 10 万多头蚜虫。

(4)分布广　从赤道到两级,从海边到内陆,高至世界之巅珠穆朗玛峰,低至山谷沟壑,以及几米深的土壤,都有昆虫的存在。

二、螨类的识别

与昆虫同属于节肢动物门的动物都是昆虫的近亲,与昆虫一样,它们都具有节肢动物的特征。主要表现在如下几个方面:

(1)体躯分为头胸部和腹部,腹部无明显分节。

(2)具有四对足,无翅。

(3)无触角。

三、如何利用触角的功能防治害虫

昆虫的触角具有嗅觉和触觉功能,对一些特殊的化学气味非常敏感,如食物的味道、天敌的味道、异性的味道,所以在觅食、求偶和避敌方面具有很强的功能,利用这种功能我们可以采用性诱杀、饵料诱杀、诱蛾器杀虫、种集作物诱集带等方式来防治农业害虫。

四、如何利用口器的危害特点进行药剂防治

咀嚼式口器为害植物的共同特点是造成各种形式的机械损伤,例如,取食叶片造成缺刻、孔洞,严重时将叶肉吃光,仅留网状叶脉,甚至全部被吃光。钻蛀性害虫常将茎秆、果实等造成隧道和孔洞等。有的钻入叶中潜食叶肉,形成迂回曲折的蛇形隧道。有的啃食叶肉和下表皮,留下上表皮似开"天窗"。有的咬断幼苗的根或根茎,造成幼苗萎蔫枯死。还有吐丝卷叶、缀叶等。防治咀嚼式口器的害虫,通常使用胃毒剂和触杀剂。胃毒剂可喷洒在植物体表,或制成毒饵撒在这类害虫活动的地方,使其和食物一起被害虫食入消化道,引起害虫中毒死亡。

刺吸式口器的害虫对植物的为害,不仅仅是吸取植物的汁液,造成植物营养的丧失,而生长衰弱,更为严重的是它所分泌的唾液中含有毒素、抑制素或生长激素,使得植物叶绿素破坏而出现黄斑、变色,细胞分裂受到抑制而形成皱缩、卷曲,细胞增殖而出现虫瘿等。而且,蚜虫、叶蝉、木虱等还传播植物病毒病,其传播的植物病害所造成的损失往往大于害虫本身所造成的为害。对于刺吸式口器的害虫防治,通常使用内吸性杀虫剂、触杀剂或熏蒸剂,而使用胃毒剂是没有效果的。

对于两类口器的昆虫,利用触杀剂来防治的时候,要求药液要喷布均匀周到,才能起到良好的触杀作用。

五、昆虫体壁与药剂防治的关系

昆虫的体壁,特别是表皮层的结构和性能与害虫防治有着密切的关系。在防治害虫时,我

们使用的接触性杀虫剂,必须能够穿透它,才能发挥作用。低龄幼虫,体壁较薄,农药容易穿透,易于触杀,高龄幼虫,体壁硬化,抗药性增强,防治困难,所以,使用接触性杀虫剂防治害虫时要"治早治小"。表皮层的蜡层和护蜡层是疏水性的,使用乳油型的杀虫剂容易渗透进入虫体,杀虫效果往往要比可湿性粉剂好,如在杀虫剂中加入脂溶性的化学物质,杀虫效果也会大大提高。对蜡层较厚的害虫,特别是被有蜡质介壳的昆虫,如介壳虫,可以使用机油乳剂溶解蜡质,杀灭害虫。在防治仓库害虫时,常在农药中加入惰性粉,在害虫活动时,惰性粉可以擦破昆虫的护蜡层和蜡层,使害虫大量失水和药剂顺利进入虫体而中毒死亡。一些新型的杀虫剂,如灭幼脲,能够抑制昆虫表皮几丁质的合成,使幼虫蜕皮时不能形成新表皮,变态受阻或形成畸形而死亡。

任务二 识别昆虫各虫态

【知识点】熟悉昆虫各虫态的特征特性,掌握昆虫各虫态与防治的关系。
【能力点】根据实际生产需要能利用各虫态的特点进行有效的防治。

【任务提出】

通过上一个任务的观察,我们已经了解了昆虫的外部形态特征。但是我们知道,昆虫在从小到大的生长发育过程中,在外部形态和体形大小上会发生一系列的异常变化,依据这种变化,可以把昆虫的一生分成几个虫态,那么这些虫态都有哪些特征?与防治都有些什么样的关系呢?这就是本任务要解决的问题。

【任务分析】

依据昆虫各虫态的特点,可以对昆虫分类,还可以了解的一些生活习性,根据这些习性和特点人们又能制定相应有效的防治方案,如成虫期的趋光性的利用,趋化性的利用;蛹期隐藏习性的利用等。请同学们抓住这些特点来更好的认识昆虫,有效利用有益昆虫,控制农业害虫吧!

【相关专业知识】

一、昆虫的变态

昆虫的个体发育分为两个阶段,一个阶段为胚胎发育,是指从卵产下到孵化为止的阶段;一个为胚后发育阶段,即从卵孵化后开始至成虫性成熟的为止的阶段。

在胚后发育的过程中,外部形态和内部器官要经过一系列的变化,这种现象称为变态。由于对不同环境的适应,昆虫的变态也分成了不同的类型。

(一)不完全变态

昆虫的一生只经过卵、若虫、成虫三个时期。这种幼虫特称为若虫,直翅目、半翅目、同翅目的昆虫均为不完全变态,如图 1-13 所示。在昆虫分类上属于外生翅类。依据成虫、若虫区别程度不同,可以分为以下几类:

(1)渐变态 若虫和成虫的形态和生活习性都差不多,只是翅发育不完全,生殖器官尚未发育成熟,如蝗虫。

(2)半变态 某些昆虫的幼虫和成虫的形态和生活习性皆不同,幼虫水生,成虫陆生,幼虫称"稚虫",如蜻蜓。

(3)过渐变态 若虫与成虫相似,但中间有个外生翅芽的前蛹期和一个静止的拟蛹期,是介于渐变态和全变态的中间类型,如蓟马。

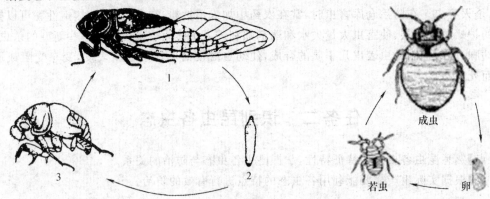

图 1-13　不完全变态(蝉和臭虫的生活史)

(二)完全变态

一生具有卵、幼虫、蛹、成虫四个时期,成虫和幼虫在形态和生活习性上完全不同。鳞翅目、膜翅目、鞘翅目的昆虫均属于完全变态,如图 1-14 所示。在昆虫分类上属于内生翅类。

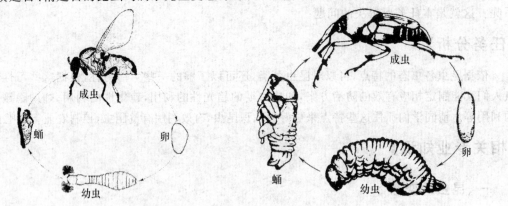

图 1-14　完全变态(虻和象甲的生活史)

有些完全变态昆虫,幼虫的不同时期在生活环境和生活习性有所不同,因而幼虫期外部形态上也随生活环境和生活习性的改变发生很大的变化,如芫菁,这种特称为复变态。

二、昆虫个体发育及各阶段的特点

(一)卵期

即胚胎发育时期,是从卵产下到孵化为止的一段时期。这段时期从外表看来不食不动,处于静止状态,但内部却发生着剧烈的生理变化,滋生出新的生命体。

(二)幼虫期或若虫期

幼虫或若虫破壳而出的过程称为孵化。从孵化至出现成虫特征之前的整个发育阶段称为幼虫期或若虫期。不同的昆虫在这个时期形态上为了适应周围的生活环境或取食方式及食物的特点,在形态上开始有了一定的分化,如足的结构和对数的变化、头式的变化。

幼虫生长到一阶段,由于体壁限制,必须脱去旧皮,才能继续生长,这种现象,称为蜕皮。蜕下的旧皮称为蜕。孵化后为一龄,每蜕一次皮增长一龄。两次蜕皮之间的时间为龄期。

(三)蛹期

蛹期是完全变态类昆虫由幼虫转变为成虫过程中的一个过渡虫态。末龄幼虫蜕去最后的表皮称为化蛹。蛹期外表看来不食不动,实际体内却进行着剧烈的新陈代谢,分解旧器官,生成新器官。

(四)成虫期

不完全变态的若虫和完全变态的蛹,蜕去最后一次表皮变为成虫的过程,称为羽化。成虫期进行交配产卵,繁殖后代,因此说,成虫期是昆虫的生殖时期。

1. 交配和产卵

昆虫性成熟后即可交配和产卵。从羽化到第一交配产卵所间隔的时间称为产卵前期。从第一次产卵到产卵终止的时期称为产卵期。产卵期各种昆虫从几天、十几天到几个月不等。交配和产卵的次数也各有不同,即使同一种昆虫也常不固定。我们在防治时,最好抓住产卵前期防治。不同的昆虫产卵数量有很大差异,如棉蚜的胎生雌蚜,一生可胎生若蚜 60 头左右;朝鲜球坚蚧产卵 1 500～2 000 粒;粘虫一般产卵 500～600 粒,当蜜源充足和生态条件适宜时,产卵量可高达 1 800 多粒。

2. 性二型和多型现象

多数昆虫雌雄二性仅表现为外生殖器不同,但有些昆虫,雌雄二性昆虫除在第一性征(外生殖器)不同外,在体表、色泽以及生活行为等方面存在一定差异,这种现象称为性二型。如介壳虫雌虫无翅,而雄虫有翅;小地老虎雌蛾触角为线状,而雄蛾一般表现为羽毛状。

在同一种昆虫中,有时同一性别中也存在着两种或两种以上的类型,这种现象称为多型现象。如稻飞虱的雌成虫有长翅型和短翅型两种;雌玉带凤蝶具有黄斑型与赤斑型两种。

了解性二型和多型现象,可以更好地识别昆虫,利用天敌和防治害虫。

【任务实施】

一、材料及工具的准备

(1)材料　蝗虫、蜻蜓、蓟马、家蚕、芫菁、蜜蜂等昆虫的盒装或浸泡标本。多种昆虫生活史图片。

(2)器材　手持放大镜、体视显微镜、镊子、解剖针等。

二、任务实施步骤

(一)昆虫卵的观察

1. 卵的结构及形态观察

取卵的结构图片,依次辨别卵孔、卵壳、卵黄膜、卵核、原生质网、周质、生殖质等位置,并大致了解其功能。卵的外面是一层坚硬的卵壳。如图 1-15 所示。

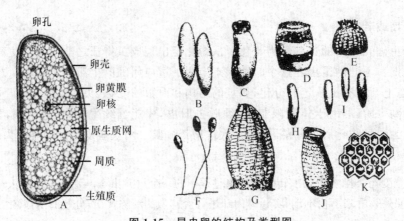

图 1-15　昆虫卵的结构及类型图

A.卵的结构　B.长椭圆形　C.袋形　D.鼓桶形　E.鱼篓形　F.有柄形　G.瓶形

H.黄瓜形　I.子弹形　J.茄形　K.卵壳的一部分(刻纹)

取草蛉、蝽蟓、舞毒蛾、天幕毛虫、菜粉蝶、瓢虫等昆虫的卵标本或图片,观察卵的形态。常见的卵有肾形、球形、椭圆形、鼓形、半圆形等,通常1～2 mm,卵的表面有的光滑,有的具有各种各样的饰纹,是识别昆虫的重要依据之一。

2.产卵方式观察

取菜粉蝶、天幕毛虫、蝽象、二化螟、蝗虫、玉米螟、大青叶蝉等昆虫的卵或卵块,观察昆虫的产卵方式。有单产:如菜粉蝶;有块产,如玉米螟;有的隐产,产在土块内或植物组织内,如蝗虫;有的裸产,产在植物表面,如二化螟。有些昆虫产卵后,还会在卵块上覆上体毛,以保护卵块免受外物侵袭,如多数毒蛾。如图 1-16 所示。

图 1-16　产卵方式类型图

1.草蛉的卵　2.蝽象的卵　3.瓢虫的卵　4.舞毒蛾的卵　5.球坚蚧的卵　6.螵鞘(螳螂的卵)

（二）幼虫观察

1.幼虫类型观察

如图 1-17 所示。

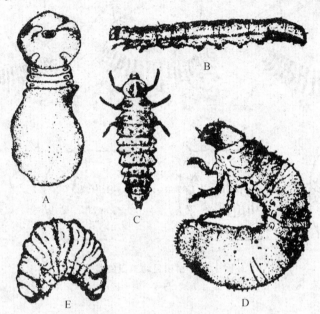

图 1-17　完全变态幼虫类型
A.原足型　B.多足型　C、D.寡足型　E.无足型

取赤眼蜂、菜粉蝶、蛴螬、象甲等昆虫幼虫标本或图片,观察它们身体特点和足的对数,区分四种常见昆虫的类型。

原足型:只有少数体节,腹部尚未分节,胸足和附肢只是简单的突起。如卵寄生蜂类的早期幼虫。

寡足型:幼虫只有 3 对发达的胸足,没有腹足,如瓢甲、步甲、叶甲、金龟甲等多数鞘翅目的昆虫。

多足型:具 3 对胸足和几对腹足,鳞翅目一般 2～5 对腹足,叶蜂类一般 6～8 对。

无足型:幼虫完全无足,如蚊、蝇类及象甲幼虫

2.叶蜂类和蝶蛾类足的特点观察

分别取舞毒蛾幼虫(单序中列)、木蠹蛾幼虫(双或三序)、麦蛾幼虫(环式或二横带式)、菜蛾幼虫(单或双序)、尺蛾幼虫(双序中带或缺环式)、叶蜂幼虫(无),观察趾钩的有无,并观察鳞翅目幼虫趾钩的类型。这是区分叶蜂类和蝶蛾类幼虫的一个重要特征。如图 1-18 所示。

（三）蛹的形态及类型观察

分别取象甲、瓢虫、金龟子、家蚕、玉米螟、菜粉蝶、家蝇等昆虫的蛹标本或图片,观察蛹的颜色、形态;足、翅、触角等附肢与身体的接触程度、是否具臀刺等,可以发现,按各附肢是否贴紧蛹皮,可把蛹分为三种类型。如图 1-19 所示。

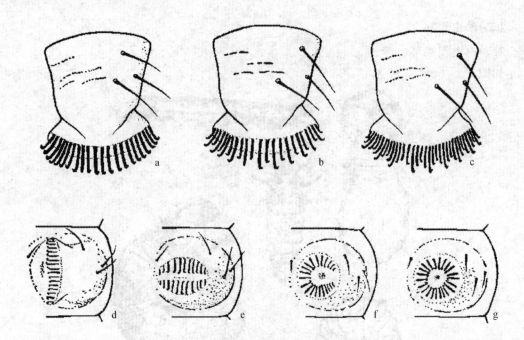

图 1-18 鳞翅目幼虫趾钩类型

a.单序 b.双序 c.三序 d.中列式(与体纵轴平行) e.二横式 f.缺环 g.环式

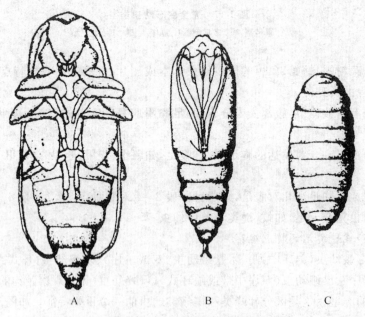

A   B   C

图 1-19 完全变态蛹的类型

A.离蛹 B.被蛹 C.围蛹

离蛹:又称裸蛹,触角、足、翅等附肢与蛹体分离,可以活动,如草蛉、金龟甲等。

被蛹:触角、足、翅等附肢紧紧地贴在蛹体上,不能自由活动,如蝶、蛾类。

围蛹:蛹体被最后一次蜕皮包围,里面是离蛹,如蝇、虻。

(四)成虫性二型及多型现象观察

取吹绵蚧的雌、雄虫标本或图片,观察性二型现象。取蚁的兵蚁、工蚁、蚁后等标本或图片,观察昆虫的多型现象。如图 1-20,图 1-21 所示。

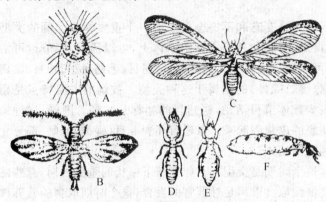

图 1-20　昆虫的性二型和多型现象
A、B 吹绵蚧的雌虫和雄虫
C、D、E、F 分别为黑翅土白蚁的有翅成虫、兵蚁、工蚁和蚁后

图 1-21　蜣螂雌雄虫对比图
(雄有大而明显的角)

(五)昆虫变态类型的观察

取实验室常见昆虫的生活史标本,如瓢虫、家蚕、胡蜂、金龟子、蝗虫、蜻蜓、螳螂、蝽象等,观察它们成、若(幼)虫之间的相似程度及蛹期的有无,判断它们的变态类型。

【任务考核】

任务考核单

序号	考核内容	考核标准	分值	得分
1	卵的观察	能准确指出几种常见园艺害虫及天敌的卵	20	
2	幼虫观察	能准确说出幼虫的类型	20	
3	蛹的观察	能准确说出蛹的类型	20	
4	性二型及多型现象观察	指明观察对象是属于多型现象还是性二型	20	
5	变态类型观察	根据提供标本,能判断其变态类型	20	

【归纳总结】

通过本任务的实施,可以发现,昆虫在一生发展的过程中,各虫态各有特点,这些特点是我们识别昆虫的重要标准,也是辨别昆虫变态类型的标准。各虫态的特点也与防治有着密切的关系。

1.昆虫卵期是一个外表静止,内部剧烈变化的时期,不同的昆虫产卵方式、产卵场所均有所不同,不同的昆虫卵的形状也不一样,产卵方式有聚产,有单产;产卵场所有的隐蔽,有的裸露。

2.完全变态昆虫的幼虫主要区别在于足的对数,可分为无足型、寡足型和多足型,一些寄生性蜂类在孵化初期足还未发育完全,称为原足型。多数昆虫足的特点还可以表明昆虫的生活场所或生活方式。如多数象甲在植物内部生存,足退化,为无足型;多数蝶类在植物表面取食叶片,足发达,为多足型。

3.完全变态的昆虫具有蛹期,是区分完全变态和不完全变态的一个重要标志。蛹的类型有三种:离蛹、被蛹和围蛹。离蛹又称裸蛹,附肢和翅等不贴附于体上,可以活动,腹节也可活动;在脉翅目和毛翅目昆虫中,蛹甚至可以爬行或游泳。脉翅目、鞘翅目、毛翅目、长翅目、膜翅目、双翅目的长角亚目和短角亚目(部分瘿蚊除外)的蛹属于这种类型。被蛹的主要特点是翅和附肢等粘于蛹体上不能活动,腹部仅少数体节可活动,鳞翅目的蛹都是被蛹。围蛹,这种蛹本身是离蛹,但蛹体外被末两龄幼虫所蜕的皮包围起来。双翅目环裂亚目(蝇类)的蛹、部分介壳虫的蛹、捻翅目一些种类的雄性的蛹为围蛹。

4.昆虫的最后一个虫态是成虫期,这个时期是交配和产卵繁殖下一代的重要时期,有些昆虫是羽化后可直接产卵,而有些则需要继续取食以满足性器官的发育,这个时期取食的营养称为补充营养,利用这个特点我们可以利用食物诱杀、糖醋液诱杀或饵料诱杀。很多昆虫在成虫期还具有性二型和多型现象。

5.由于昆虫在生长发育过程中,其外部形态和体形大小发生一系列的异常变化,称为变态,按变化的特点及变化程度分为完全变态和不完全变态。不完全变态只有卵、幼虫、成虫三个时期,完全变态则多了一个蛹期。由于不完全变态昆虫的幼虫和成虫外形上基本相似,所以其幼虫特称为若虫。

【自我检测和评价】

1.搜索网络,查找不同类型的幼虫和蛹各有哪些昆虫?

2.如何利用昆虫各个虫态的特点进行防治?

3.生产中有哪些性二型和多型现象的例子,了解性二型和多型现象对生产有什么作用?

【课外深化】

一、昆虫的生殖方式

(一)两性生殖

两性生殖是通过雌雄两性交配受精,产下受精卵,再发育成新个体的生殖方式。两性生殖是昆虫最普遍的一种生殖方式。可以有效地利用杂交优势,保持种群不断进化。

(二)孤雌生殖

孤雌生殖指雌虫未交配或卵未受精就直接产生新个体的生殖方式,又称为单性生殖。这类昆虫一般没有雄虫或雄虫数量极少,多见于某些粉虱、介壳虫、蓟马和一些社会型昆虫。孤雌生殖又可以分为以下几种类型:

1.偶发性孤雌生殖

正常情况下进行两性生殖,偶尔发生孤雌生殖的现象。如家蚕。

2.经常性孤雌生殖

一些昆虫同时进行有性生殖和孤雌生殖,如蜜蜂、蚂蚁、粉虱、蓟马等。

3.周期性孤雌生殖

两性生殖和孤雌生殖交替进行,在食料丰富,环境适宜的条件下进行孤雌生殖,冬季来临时进行两性生殖,又称为异态交替或季节性孤雌生殖。

(三)多胚生殖

由一个卵发育成两个或多个胚胎的生殖方式。多见于内寄生蜂类。这种生殖方式可利用少量的生活物质在短期繁殖更多的后代。

(四)卵胎生

卵胎生指卵在母体内孵化,直接产出幼虫或若虫的生殖方式,如蚜虫和一些蝇类。卵在母体内可以得到一定的保护,有效地提高种群成活率。

除以上四种类型,有一些昆虫,如某些瘿蚊和摇蚊在幼体阶段就能繁殖后代,这种生殖方式称为幼体生殖。它们产下的不是卵而是幼体,所以可将其认为是卵胎生的一种特殊形式。多数昆虫只具有一种生殖方式,但有的昆虫兼有两种或两种以上的生殖方式。

除两性生殖外,其他的几种生殖方式均为特异生殖。这些特异性生殖是昆虫对环境的一种高度适应,使其在恶劣环境下保存后代,不断扩大种群数量和种群分布范围。而且昆虫都具有很强的繁殖力,如小地老虎每头雌虫一生可产卵 $800\sim 1\ 000$ 粒,这种高产的特点对种群繁衍有重要的作用。了解害虫的生殖方式和繁殖能力,对于我们制定防治方案具有重要的意义。

二、昆虫卵与防治的关系

卵具有高度的亲脂拒水性,所以一般不提倡在卵期用化学药剂防治;了解卵的形状、产卵场所和产卵方式,对于识别和调查防治害虫具有重要意义。如果是聚产,我们可以结合农事操作,采用摘除卵块的方法,有效地降低种群数量。

三、幼虫期与防治的关系

幼虫是昆虫危害的关键时期,也是开展药剂防治的关键时期,一般幼龄期体壁薄,取食量小,而且多具有群集习性,随着虫龄增长,取食量增大,会造成严重的损失,而且抗性增强,所以低龄阶段是防治害虫的有利时机。

四、蛹期与防治的关系

由于蛹期不活动,容易遭受敌害的侵袭,为了有效地适应环境,保护自己,很多昆虫在化蛹前都会选择适宜的化蛹场所,如土中、树皮裂缝、植物组织内、卷叶内等,有的吐丝做茧保护自己。所以,了解蛹期的生物学特性,可以人为破坏其化蛹场所,如翻耕晒土,可以有效地捣毁蛹室,增加天敌取食或寄生的机会,同时使其曝晒致死。

五、成虫期与防治的关系

有些昆虫羽化后性细胞已经成熟,不需交配即可产卵,这类成虫寿命一般很短,对作物危害性小,如一些蝶、蛾类。但绝大多数昆虫羽化后,性器官还未发育成熟,需要继续取食,以完成性细胞的后熟过程,这种对成虫性成熟必不可少的营养物质称为补充营养。这类昆虫成虫阶段仍会对作物造成很大危害,需要加强成虫期防治,如蝗虫、蜍象等。也有些成虫未取得补充营养也能产卵,但产卵量不高或孵化率降低。了解昆虫补充营养的特点,可对害虫预测预报和设置诱集器提供依据。

六、昆虫的主要习性及其在测报和防治中的应用

昆虫的习性即昆虫的行为,是昆虫生命活动的综合表现,是通过神经活动对刺激的反应,表现出适应其生活所需的各种行为,这是长期自然选择的结果,为种内所共有。了解昆虫的习性,可以掌握昆虫的弱点,进行有效的测报和防治,控制其发生和危害。

(一)食性

1. 按照昆虫取食的对象划分

(1)植食性　以植物为食料,包括绝大多数的农林害虫和少部分对人类有益的昆虫,如家蚕、蝗虫、粘虫、玉米螟等。

(2)肉食性　主要以动物为食料,绝大多数为益虫,可作为生物防治的天敌。按取食的方式又可分为捕食性,如草蛉、蜻蜓;寄生性,如赤眼蜂、姬蜂和茧蜂等。

(3)腐食性　以死亡的动植物组织及其腐败物质为食,如埋葬甲。

(4)粪食性　专以动物的粪便为食,如蜣螂。

(5)杂食性　既食植物性,又吃动物性的食物,如胡蜂、芫菁等。

了解昆虫的食性,对指导害虫防治有重要的指导意义,可以合理选择和有效利用益虫,并及时防治害虫。

2. 按照昆虫取食范围的宽窄划分

(1)单食性　只取食一种动物或植物的昆虫,如三化螟、大豆食心虫等

(2)寡食性　能取食同属、同科和近缘科的动植物,如二化螟、菜粉蝶等。

(3)多食性　能取食多科、属的植物。如粘虫、棉铃虫、小地老虎、蝼蛄等。

了解昆虫取食的专化性,可以实行合理的轮作倒茬及作物布局,并及时中耕除草,去除野生寄生,减少害虫的发生数量。

(二)趋性

趋性是昆虫对外界刺激所产生的一种定向反应。趋向刺激称为正趋性,逃避刺激称为负趋性。按照刺激物的性质,可将趋性分为以下几种类型:

1. 趋光性

趋光性是昆虫对光源的一种趋性反应,多数蛾类、蝼蛄等一般表现为正趋光性,而蜚蠊、米象等在黑暗环境中生存的昆虫则表现为负趋光性,即背光性。对于有趋光性的昆虫,我们可以进行灯光诱杀。此外,各种昆虫对光的强弱和光波长短的反应不同。一般讲,短光波对昆虫的诱集力强,如二化螟对于 3 300(紫外光)～4 000Å(紫光)的趋性最强,因此,我们可利用黑光灯来诱杀害虫。

2. 趋化性

昆虫对于某些化学物质表现出的反应。趋化性也有正负之分。昆虫通过这种行为可获得食物、配偶或找到产卵地点,以繁衍后代。如菜粉蝶可在十字花科蔬菜上产卵,是由于蔬菜中糖苷化合物发出的芥子油气味的吸引。在防治上,可用糖、醋、酒等混合液诱集地老虎、粘虫等有害昆虫;利用杨柳新鲜枝把诱集棉铃虫、粘虫等。

3.趋温性

当环境温度变化时,昆虫趋向适于它生活的温度的行为,称趋温性。如地下害虫、金龟子、蝼蛄对土温的高低,在一年内的生活规律是:当冬季表土温度降低时,就向土壤深处迁移休眠越冬,到春天表土温度上升适宜时,又从土层深处迁移到土表危害作物根部。因此,研究这些害虫对土温的动向,可预测害虫的危害期,及时加以防治。

除以上几种趋性外,还有趋湿性、趋触性、趋磁性、趋声性等。

(三)假死性

假死性是昆虫对外部刺激的一种应激性反应,是昆虫自身的一种条件反射,表现为一些昆虫受到突然的接触或震动时,全身呈现反射性的抑制状态,身体蜷曲,或从植株上堕落地面,产生麻痹昏厥状态,片刻才又爬行或起飞。对有假死性的害虫,可以采用振落捕杀的办法,如金龟子、叶甲、粘虫等。

(四)群集性

群集性是指同种昆虫的个体高密度地聚集在一起的现象。如蚜虫、粉虱、天幕毛虫幼龄幼虫。群集性可以分为临时性群集和永久性群集。临时性群集在某一虫态或某一段时间内群集在一起,当食物缺乏或一定条件下,又分散开。如瓢虫的群集越冬、高粱蚜的窝子蜜阶段。永久性群集则是终生群集生活在一起,永不分散。有些群体还可集体远距离迁飞,如飞蝗、蜜蜂、蚂蚁等。群集是由于受到了种群内群集外激素的控制,如蝗虫的蝗呱吩。

昆虫的群集,为我们集中消灭害虫提供了方便条件。

(五)迁飞扩散性

迁飞指某些昆虫成群地从一个发生地远距离地迁飞到另一发生地的习性,如粘虫、小地老虎、稻褐飞虱等。这类昆虫的交配和产卵通常在迁飞过程中和迁入地完成,有效地扩大了种群的地理分布范围。也为防治带来了很大的困难。所以对于有迁飞习性的昆虫需要做好迁入和迁出地联防,并了解迁飞时期及迁飞特性,以便准确测报和防治。

扩散指具有群集习性的昆虫在环境不适或食料不足时,发生扩散转移,如蚜虫。这类昆虫,我们最好在其扩散之前进行集中防治。

七、昆虫的世代和年生活史

(一)世代

昆虫自卵或幼体离开母体到成虫性成熟为止的个体发育史称为世代。不同的昆虫完成一个世代所需要的时间,以及一年内所发生的世代数也不同。有的昆虫一年发生一代,如大豆食心虫、天幕毛虫;有的一年发生多代,如菜粉蝶、粘虫等,蚜虫每年可发生几代甚至二十几代;有的多年发生一代,如华北蝼蛄、桑天牛等,十七年蝉甚至十七年才发生一代。

世代的长短和每年发生的代数,通常受环境因素的因素,如粘虫在我国东北地区每年1～2代,华北地区每年发生3～4代,而在华南地区一年则可发生6～8代。但也有些昆虫发生的代数由遗传特点决定,如天幕毛虫、大豆食心虫,不管在南方和北方,都是每年只发生一代。

一年发生多代的昆虫,由于成虫多次产卵,且产卵期较长,后代个体发育不整齐,在同一时期可以见到不同世代的昆虫,这种前后世代混合发生的现象称为世代重叠。

(二)年生活史

昆虫由当年越冬虫态开始活动起,至第二年越冬结束止的发育过程,称为年生活史。年生活史包括了一年内昆虫发生的世代数,每世代或各虫态发生的时期和历期,昆虫的发生活动规律及越冬越夏场所等。有效地掌握昆虫的年生活史,就可以抓住昆虫的活动规律和薄弱环节,采取有效的措施防治害虫,利用益虫。

一年发生一代的昆虫,世代和生活史相同,一年发生多代的昆虫,年生活史包含了几个世代,多年发生一代的昆虫,需要多个年生活史才构成一个世代。

(三)停育

在昆虫生长发育过程中,常常发生暂时停止生长发育的现象,称为停育。停育通常发生于严冬和盛夏,所以又可称其为越冬或越夏。根据发生机制及恢复条件,可将停育分成休眠和滞育两种。

1.休眠

由不良环境条件引起昆虫暂时停止生长发育的现象,主要是过低温、过高温和食物缺乏,有时湿度不当也可引起。当不良环境条件消除,昆虫可以立即恢复生长发育。

2.滞育

由不良环境条件和遗传稳定性共同支配引起昆虫暂时停止生长发育的现象。即使给予了合适的环境条件也不能马上开始生长发育,还需要一定的环境刺激,主发是低温。昆虫的滞育一般通过日照变化作为信号引起。最典型的是天幕毛虫,在5～7月产下的卵必须经过一定的低温阶段,到第二年春天才能孵化。

滞育分为专性滞育和兼性滞育。滞育的出现具有固定的世代和虫期称为专性滞育,如大豆食心虫、梨星毛虫等多数一年一代的昆虫。滞育的出现只有固定的虫态而无固定的世代,称为兼性滞育,如玉米螟。

了解昆虫的休眠和滞育发生的条件和本质,对预测昆虫的发生和危害时期,抓住防治适期和开展休眠期的防治,以及保存益虫有着重要的意义。

任务三　识别常见园艺昆虫类群

【知识点】了解常见园艺昆虫的类群,掌握其各自的主要特征。
【能力点】根据实际生产需要能根据外部形态准确识别常见园艺昆虫。

【任务提出】

当甘蓝上发生了如图1-22所示的害虫时,如何断定它是哪种昆虫呢?这就需要我们掌握识别的主要方法,并能够熟练识别生产中常见的害虫。那么,我们在学习的过程中该识别哪些生产中的大害虫呢?这就是我们这次任务要解决的问题。

图 1-22　菜粉蝶及其幼虫菜青虫

【任务分析】

世界上的昆虫各类繁多,已经命名的就有 100 多万种,那么如何熟练识别这些昆虫呢?最好的办法是把它们进行归类,已有的分类学证明,亲缘关系越近的昆虫在形态上相似度越高,所以我们常用的分类方法就采用外部形态分类法,近年来遗传分类学、分子分类学、化学分类学也得到了高度发展。我们在高职阶段主要学习形态分类法。根据常见的分类方法,我们主要学习与农业生产相关的九大目昆虫。

【相关专业知识】

一、昆虫的基本单位和昆虫命名方法

昆虫的分类阶元包括界、门、纲、目、科、属、种 7 个等级。有时为了更精细确切地区分,常添加各种中间阶元如亚级、总级或类、群、部、组、族等。种是分类的基本单位,很多相近的种集合为属,很多相近的属集合为科,依次向上归纳为更高级的阶元,每一阶元代表一个类群。

一种昆虫的分类地位就是动物界、节肢动物门、昆虫纲,纲以下分为目、科、属、种。以华北蝼蛄为例:

直翅目　　Orthoptera

螽蟖亚目　Ensifera

蝼蛄总科　Gryllotalpoidea

蝼蛄科　　Gryllotalpidae

蝼蛄属　　*Gryllotalp*

华北蝼蛄　*Gryllotalpa unispina* Saussure

昆虫的每一个种都有一个科学的名称,即学名,是国际上通用的。学名是用拉丁文字表示的,每一学名一般由两个拉丁词组成,第一个词为属名,第二个词为种名,最后是定名人姓氏。有时在种名后边还有一个亚种名。在书写上,属名和定名人的第一个字母必须大写,种名全部小写,种名和属名在印刷上排斜体。

学名举例:华北蝼蛄　　*Gryllotalpa unispina* Saussure

　　　　　　　　　属名　　　种名　　定名人

当某一学名的属名被修订或更改后,原命名人的姓氏要加括号,以便查对。

二、常见昆虫目的特征

形态分类法,是根据翅的有无及其类型、变态的类型、口器的构造、触角的形状、跗节节数等进行分目。其中与农业生产、人类生活关系密切的主要有直翅目、半翅目、同翅目、缨翅目、鞘翅目、鳞翅目、膜翅目、双翅目、脉翅目等。

(一)直翅目 Orthoptera

体中型至大型,体长小于 5 mm 的仅为少数。口器咀嚼式,触角丝状或剑状,前胸发达,前翅为覆翅型,狭长,革质,常覆盖在后翅之上;后翅膜质,常作扇状折叠,翅脉多是直的。有的种类翅短或无翅。后足多发达,适于跳跃,或前足为开掘足。雌虫多具有发达的产卵器。腹部第10节有尾须一对。雄虫大多能发音,凡发音的种类都有听器。

行不完全变态。多以卵越冬,1 年 1 代或 2 代,也有 2~3 年 1 代者。栖息习性分为植栖类(多数种类,大部分时间在植物枝叶上)、洞栖类(洞穴中生活)和土栖类(大部分时间生活在土壤内隧道中),成虫多产卵于植物组织或土中。本目多为植食性,部分为肉食性或杂食性(如螽斯科)的种类。

(二)半翅目 Hemiptera

半翅目是农业昆虫中一个重要的类群,一般称蝽,俗名臭板虫、放屁虫等。体小至大型,体壁坚硬而身体略扁平。刺吸式口器,从头的前端发出。触角一般为 4~5 节。前胸背板发达,中胸有发达的小盾片。前翅基半部革质或角质,端半部膜质,为半鞘翅型,一般分为革区、爪区和膜区三部分,有的种类有楔区。很多种类胸部腹面常有可散发出恶臭的臭腺。

不完全变态。不少为植食性的重要害虫,刺吸植物茎叶或果实的汁液。部分种类为捕食性的天敌昆虫。卵的形状不等,多为鼓形或长卵形,散产或排列成行,产于物体表面或基质内部。栖居习性多样化,有陆生生活、水面生活、水生生活和潮间带生活等不同类型。

(三)同翅目 Homoptera

体小型至大型。触角刚毛状或丝状。口器刺吸式,从头的后方伸出,似出自前足基节之间。前翅革质或膜质,静止时平置于体背上呈屋脊状,有的种类无翅。多数种类有分泌蜡质或介壳状覆盖物的腺体。

渐变态,仅粉虱及雄介壳虫属于过渐变态。两性生殖或孤雌生殖。全为植食性,是经济作物的重要害虫。它们对植物的为害,一是直接刺吸植物汁液,掠夺营养造成植物生长发育停滞或延迟,使植物组织老化早衰。取食时将唾液分泌到植物组织中,使叶片或果面出现斑点、缩叶、卷叶、虫瘿、肿瘤,造成畸形生长。二是有些种类有发达的产卵器,产卵时刺伤植物组织,为病原的侵入提供了门户,有的还在枝条上形成环割,造成枯枝。三是分泌蜜露盖覆植物表面,影响植物呼吸和光合作用,并引起煤污病。四是传播植物病毒病,造成的损失远超过其直接危害。

(四)缨翅目 Thysanoptera

通称为蓟马。成虫体细长,体色有黄色、黄褐色、棕色和黑褐色。微小型,一般长0.5~7.0 mm。触角丝状或念珠状,6~9 节。口器锉吸式,左上颚发达,右上颚退化,使口锥不对称。前后翅狭长,膜质,翅脉稀少或消失,翅缘密生缨毛,故称缨翅目。足末端具泡状中垫,爪退化。雌虫产卵器锯状、柱状或无产卵器。

过渐变态,雄虫少,大多数种类进行孤雌生殖。多为植食性,少数为捕食性、菌食性和腐食性。

(五)鞘翅目 Coleoptera

鞘翅目昆虫因前翅鞘质坚硬似武士所披的甲胄,故统称为甲虫,是昆虫中最大的一个目,已知有35万种以上。体坚硬,微小至大型。口器咀嚼式,触角10～11节,形状变化大。前翅为鞘翅,盖住中后胸和腹部,中胸小盾片多外露。后翅膜质,静止时折叠于前翅之下。跗节4～5节。全变态。幼虫寡足型或无足型,口器咀嚼式。蛹多为裸蛹。多数种类为植食性,也有捕食性、寄生性和腐食性种类。

(六)鳞翅目 Lepidoptera

鳞翅目包括各种蝶类和蛾类,是昆虫纲的第二个大目,已知有16万多种。体小至大型,触角细长,丝状、栉齿状、羽毛状或球杆状等。口器虹吸式。翅膜质,翅面上覆盖有鳞片,故称为鳞翅。前翅上的鳞片组成一定的斑纹,分线和斑两类,线根据在翅面上的位置由基部向端部顺次称为基横线、内横线、中横线、外横线、亚缘线、外缘线;斑按形状称为环状纹、肾状纹、楔状纹、剑状纹(图1-23),后翅常有新月纹。

完全变态,幼虫为多足型,除3对胸足外,一般有腹足5对,但腹足的对数常有不同的变化。腹足底面有钩状刺,称为趾钩,趾钩依长度不同分为单序、双序和三序,依排列形式分为中带、二横带、环状、缺环等(图1-24)。幼虫体上常有斑线和毛,纵线以所在位置称背中线、亚背线、气门上线、气门线、气门下线、基线、侧腹线和腹线(图1-25)。蛹为被蛹。成虫除少数种类外,如吸果蛾类,一般不危害,但幼虫口器为咀嚼式,绝大多数为植食性,可取食植物的叶、花、芽,或钻蛀植物茎、根、果实,或卷叶、潜叶危害。

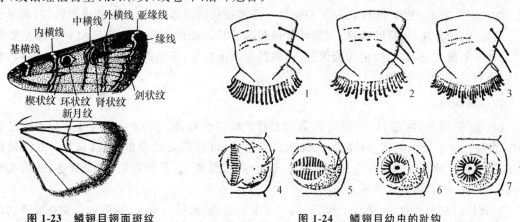

图1-23 鳞翅目翅面斑纹

图1-24 鳞翅目幼虫的趾钩
1.单序 2.双序 3.三序 4.中带 5.二横带 6.缺环 7.环状

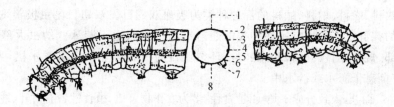

图1-25 鳞翅目幼虫胴部的线纹
1.背线 2.亚背线 3.气门上线 4.气门线 5.气门下线 6.基线 7.腹侧线 8.腹线

（七）膜翅目 Hymenoptera

体微小至中型，色多暗淡，头大而前胸细小。口器咀嚼式，但蜜蜂类为嚼吸式。翅膜质，前翅大而后翅小，以翅钩列相连。腹部第一节常并入后胸，称"并胸腹节"，第二节常缩小变细，称为"腹柄"。雌虫产卵器发达，锯状或针状，有的变为螫刺，与毒囊相连（图1-26）。完全变态，幼虫食叶性的为伪蠋式（图1-27），外形似鳞翅目幼虫，但有6~8对腹足，且无趾钩。蛀茎的种类足常退化，其他种类完全无足。蛹为裸蛹，茧外常有保护物。植食性或肉食性，肉食性者分为捕食性和寄生性。

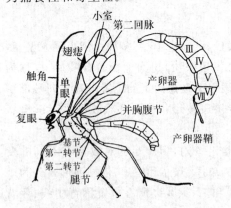

图1-26 膜翅目的形态特征（单色姬蜂）
1.雄性成虫侧面观 2.雌性成虫腹部

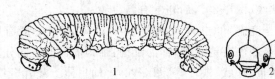

图1-27 伪蠋式幼虫形态及其头部正面观
1.幼虫 2.头部正面观

本目昆虫主要分为广腰亚目和细腰亚目。广腰亚目胸腹部广接，不收缩成腰状，后翅至少有3个基室；植食性；包括叶蜂科、三节叶蜂科和茎蜂科。细腰亚目胸腹部连接处收缩呈细腰状，后翅至多仅2个基室，腹末腹板纵裂，产卵器多露出腹末；多为寄生性种类，包括姬蜂科、茧蜂科、小蜂科、纹翅小蜂科。

（八）双翅目

仅次于鞘翅目、鳞翅目、膜翅目的第四大目。世界已知85 000种，全球分布。中国已知4 000余种。体小至中型，触角线状、念珠状或具芒状；口器刺吸式或舐吸式；只有一对膜质的前翅，后翅退化成平衡棒。雌虫腹部末端数节能伸缩，形成"伪产卵器"。完全变态，幼虫无足型，蛹为裸蛹，蝇类的蛹为围蛹。

双翅目昆虫习性复杂，适应力极强，陆生或水生，一般系昼间活动，少数种类黄昏或夜间活动。成虫吸食花蜜、树液以及其他腐殖质，如食蚜蝇、蜂虻、花蝇、寄蝇等；某些类群则系捕食性，捕食昆虫或其他小动物；也有一些类群的幼虫和成虫均系捕食性，如食虫虻科、长足虻科成虫捕食等。蚊科、蠓科、蚋科、虻科的部分种类为吸血双翅目。双翅目昆虫极善飞翔，是昆虫中飞行最敏捷的类群之一。也有一些种类的翅与足均特化而适于游泳。幼虫大部系陆栖，但长角亚目的大部、短角亚目的虻科和水虻科、环裂亚目的水蝇科等幼虫多系水栖，大多数生活于淡水中，也有栖息于海水或盐水中。

幼虫食性广而杂，大致分成4类：①植食性：多为农作物害虫，植食性者有潜叶、蛀茎、蛀根、蛀果等类群。如潜蝇科潜叶，实蝇科蛀食果实，瘿蚊科形成虫瘿，某些水栖长角亚目幼虫以藻类为食；②腐食性或粪食性：取食腐败的动、植物或粪便，如花蝇科、毛蚊科、蚤蝇科（部分寄生性）、毛蠓科；

③捕食性:如食蚜蝇科、斑腹蝇科、黄潜蝇科的某些种类;④寄生性:如寄蝇科、头蝇科、眼蝇科和网翅虻科的幼虫均寄生于昆虫体内,如寄蝇幼虫寄生于粘虫、地老虎、玉米螟、松毛虫等重要农林害虫体内;小头虻科寄生于蜘蛛,其他如皮蝇科、狂蝇科、胃蝇科的幼虫寄生于牛、羊、马的体内。

双翅目一般采用3个亚目的分类系统。

(1)长角亚目 为双翅目演化的原始类型,如蚊、蠓、蚋,成虫触角丝状,一般长于头、胸部之和,下颚须下垂,4～5节,翅中室缺如,肘室若存在,则开放;裸蛹(部分瘿蚊科除外),羽化时直裂;幼虫全头型。

(2)短角亚目 为演化的第2阶段,包括大部分虻类。成虫触角短于胸部,下颚须不下垂,1～2节,翅中室一般存在;裸蛹(水虻科除外),羽化时直裂;幼虫半头型。

(3)环裂亚目 为演化的第3阶段。成虫触角短,3节,下颚须1节;围蛹,羽化时环裂;幼虫无头型。

(九)脉翅目 Neuroptera

小至大型,头很活动,触角丝状、念珠状、梳齿状或棒状。口器咀嚼式。前后翅膜质,大小和形状均相似,翅脉多,呈网状,在边缘处多分叉,少数种类翅脉少,常有翅痣。跗节5节。

完全变态,幼虫寡足型,行动活泼。成虫、幼虫均为捕食性,可捕食蚜虫、介壳虫、木虱、粉虱、叶蝉、鳞翅目幼虫及叶螨等,多数为重要的天敌昆虫。

【任务实施】

一、材料及工具的准备

(1)材料 蝗虫(雌雄)、蟋蟀、螽斯、盲蝽、猎蝽、蝉、大青叶蝉、蚜虫、粉虱、蚧、蓟马、蝶类、蛾类、蜂类、蚁类、蝇类、蚊类、草蛉等九大目重要园艺害虫的实物标本或图片。

(2)器材 手持放大镜、体视显微镜、培养皿、镊子、解剖针 泡沫板、纸片等。

二、任务实施步骤

(一)直翅目常见昆虫种类识别

取蝗虫、蟋蟀、蝼蛄、螽斯的实物或图片标本,分别对比观察几种昆虫的触角、足、翅、尾须、外产卵器等附肢,判断其类型或识别其特点,如触角长短、尾须长短、足的类型等。观察蝗虫产卵器的位置和形状。同时填写表格 1-1,编制四科检索表,并识别常见四科昆虫(图 1-28)。

表 1-1 直翅目昆虫重要特征表

科的名称	触角	足	翅	尾须	外生殖器	听器
蝗科						
蝼蛄科						
蟋蟀科						
螽斯科						

(二)半翅目常见昆虫种类识别

取常见半翅目昆虫,如猎蝽、盲蝽、斑须蝽等昆虫的标本,观察他们翅的分区,单眼的有无,臭虫臭腺的位置,各常见科的特征(图 1-29)。

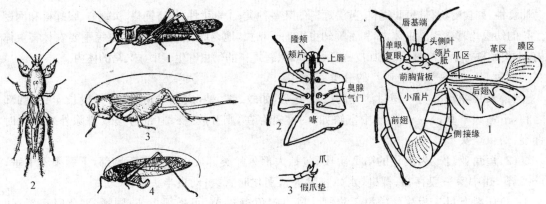

图 1-28　直翅目主要科代表　　　　　　　图 1-29　半翅目特征

1.蝗科　2.蝼蛄科　3.蟋蟀科　4.螽蟖科　　　1.背面观　2.腹面观　3.前跗节

（1）蝽科　体小至大型，触角 5 节，一般 2 个单眼，中胸小盾片很发达，三角形，超过前翅爪区的长度。前翅分为革区、爪区、膜区三部分，膜片上具有多条纵脉，发自于基部的一根横脉。卵多为鼓形，产于植物表面。代表种类有危害水稻的稻绿蝽 *Nezara viridula* L.（图 1-30,1）和危害麦类的斑须蝽 *Dolycoris baccarum*（L.）。

（2）盲蝽科　体小型至中型。触角 4 节，无单眼。前翅分为革区、爪区、楔区和膜区四个部分，膜区基部有 1～2 个封闭的翅室，室外端角常具伸出的桩状短脉。卵长卵形，可产于植物组织内。重要害虫种类如绿盲蝽 *Lygocoris lucorum* Meyer（图 1-30,2），捕食性种类如稻飞虱的天敌黑肩绿盲蝽 *Cyrtorrhinus lividipennis* Reuter。

（3）网蝽科　小型、体扁。无单眼。触角 4 节，第 3 节最长，第 4 节膨大。前胸背板向后延伸盖住小盾片，两侧有叶状侧突。前胸背板及前翅均布有网状花纹。以成、若虫群集叶背刺吸汁液为主，主要害虫代表种类如梨网蝽 *Stephanitis nashi* Esaki et Takaya（图 1-30,3）。

（4）缘蝽科　体中型到大型，体较狭长，两侧缘略平行。黄、褐、黑褐或鲜绿色。触角 4 节。中胸小盾片短于爪片。前翅分为革区、爪区和膜区三部分，膜片上的脉纹从一基横脉上分出多条分叉的纵脉。全为植食性。主要害虫代表种类如水稻害虫稻棘缘蝽 *Cletus punctiger* Dallas（图 1-30,4）。

（5）猎蝽科　体小至大型，触角 4 节或 5 节。喙坚硬，基部不紧贴于头下，而弯曲成弧形。前翅分为革区、爪区和膜区三部分，膜区基部有两个翅室，从其上发出 2 条纵脉。多为肉食性，捕食各种昆虫等小型动物，如圆腹猎蝽 *Agriosphodrus dohrni* Signoret（图 1-30,5）等。

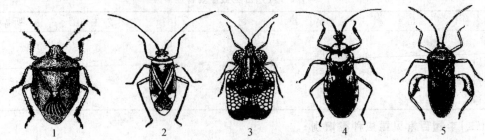

图 1-30　半翅目常见种类

1.蝽科　2.盲蝽科　3.网蝽科　4.缘蝽科　5.猎蝽科

(三)同翅目常见昆虫种类识别

1. 常见昆虫种类观察与识别

依据触角、口器、翅与翅脉、足的类型或特点,识别同翅目常见昆虫,并观察蚜、蚧、螨等的危害状。

(1)蝉科　中到大型。复眼发达,单眼 3 个。触角短,刚毛状。前足腿节膨大,下方有齿。前后翅膜质透明,脉纹粗。雄虫有发音器,位于腹部腹面。若虫土中生活,成虫刺吸汁液和产卵危害果树枝条,若虫吸食根部汁液。常见种类如危害果树的蚱蝉 *Cryptotympana atrata* (Fabr.)(图 1-31,1)和蟪蛄 *Platypleura kaempferi* (Fabr.)等。

(2)叶蝉科　小型,狭长。额区较宽,触角刚毛状,位于两复眼之间。单眼 2 个,着生于头部前缘与颜面交界线上。后足胫节下方有 1～2 列短刺。产卵器锯状,多产卵于植物组织内。害虫重要种类如大青叶蝉 *Cicadella viridis* (Linn.)和黑尾叶蝉 *Nephotettix cincticeps* (Uhler)等(图 1-31,2)。

(3)飞虱科　小型,善跳。额区较窄,尖形,触角短,锥状,位于两复眼下。后足胫节末端有一扁平大距。翅透明,有长翅型和短翅型。多为害禾本科作物,如水稻重要害虫褐飞虱 *Nilaparvata lugens* Stal 和白背飞虱 *Sogatella furcifera* (Horvath)。

(4)蜡蝉科　中至大型,体色美丽。额常向前延伸而多少呈象鼻状。触角基部两节明显膨大,鞭节刚毛状。前后翅发达,翅膜质,脉序呈网状。腹部通常大而扁。常见的害虫种类有斑衣蜡蝉 *Lycorma delicatula* (White)(图 1-31,3)等。

(5)木虱科　小型,善跳。单眼 3 个。触角较长,9～10 节,基部两节膨大,末端有 2 条不等长的刚毛。前翅质地较厚,在基部有 1 条由径脉、中脉和肘脉合并成的基脉,并由此发出若干分支。若虫常分泌蜡质盖在身体上。主要害虫如中国梨木虱 *Psylla chinensis* Yang et Li (图 1-31,4)。

(6)粉虱科　小型,体翅均被蜡粉。单眼 2 个。触角线状 7 节,第 2 节膨大。翅短圆,前翅有翅脉两条,前一条弯曲,后翅仅有一条直脉。若虫、成虫腹末背面有皿状孔,是本科最显著特征。过渐变态。成、若虫吸食植物汁液。常见害虫代表种类如温室白粉虱 *Trialeurodes vaporaiorum* (Westwood)(图 1-31,5)等。

(7)蚜总科　体微小型,柔软。触角丝状,通常 6 节,末节中部突然变细,故又分为基部和鞭部两部分,第 3～6 节基部有圆形或椭圆形的感觉孔,它的数目和分布是分种的重要依据。有具翅和无翅两大类个体,具翅型翅 2 对,膜质,前翅大,后翅小。前翅近前缘有一条由纵脉合并而成的粗脉,端部为翅痣;后翅有一条纵脉,分出径分脉、中脉、肘脉各一条。多数种类在腹部第六节背面生有一对管状突起称为腹管,腹管的大小、形状、刻纹等变异很大。腹部末端有一尾片,形状不一,均为分类的重要依据。

蚜虫的生活史极为复杂,行两性生殖与孤雌生殖,一般在春、夏季进行孤雌生殖,而在秋冬时进行两性生殖。一般蚜虫都具有在越夏寄主和越冬寄主之间迁移的习性,由于生活场所转换而产生季节迁移现象,从一种寄主迁往另一种寄主上。

本科昆虫为植食性,以成、若蚜刺吸植物汁液,引起植物发育不良,并能分泌蜜露引起滋生霉菌和传播病毒病。主要害虫种类如棉蚜 *Aphis gossypii* Glover(图 1-31,6)和麦二叉蚜 *Schizaphis graminum* (Rondani)等。

(8)蚧总科　本总科种类繁多,形态多样。雌雄异型,雌成虫无翅,虫体呈圆形、长形、球

形、半球形等。体分节不明显,体壁富弹性或坚硬,虫体通常被介壳、蜡粉或蜡丝所覆盖,有的
虫体固定在植物上不活动。口器位于前胸腹面,口针细长而卷曲,常超过身体的几倍。触角丝
状、念珠状、膝状或退化。胸足有或退化。雄成虫口器退化,仅有膜质的前翅一对,翅上有翅脉
1～2 条,无复眼,触角 10 节(图 1-31,7)。

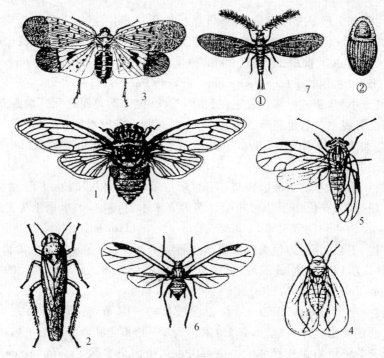

图 1-31　同翅目重要科的代表

1.蝉科　2.叶蝉科　3.蜡蝉科　4.粉虱科
5.木虱科　6.蚜总科　7.蚧总科(①雄成虫　②雌成虫)

2.叶蝉和飞虱形态要点对比观察

叶蝉和飞虱主要区别在额区,叶蝉科额区较宽,而飞虱科额区较窄,呈锥形(图 1-32)。

图 1-32　叶蝉和飞虱的对比

1.叶蝉的额宽　2.叶蝉的后足刺毛列　3.飞虱的额窄及后足

3.常见同翅目昆虫危害状观察

田间实际或图片展示观察常见同翅目昆虫的危害特点,包括斑点、卷叶、缩叶。同时包括
分泌的蜜露和招致霉菌引起的霉污病特点观察(图 1-33)。

图 1-33 同翅目昆虫危害状

1.粉虱的危害状 2.蚜虫的危害状 3.蚧的危害状 4.飞虱的危害状 5.叶蝉危害栾树 6.梨木虱危害状

(四)缨翅目常见昆虫种类识别

取常见缨翅目昆虫标本或图片,观察其翅的特点、口器特征、体形特点,并识别常见种类。

(1)蓟马科 体扁,触角6～8节,末端两节形成端刺。翅狭而端部尖锐,前翅常有两条纵脉。雌虫腹末生有锯状产卵器,从侧面看其尖端向下弯曲(图1-34,1)。农作物重要害虫如稻蓟马 *Stenchaetothriph biformis* (Bagnall)和烟蓟马 *Thrips tabaci* Lindeman 等。

(2)管蓟马科 触角7～8节;腹末管状,并有长毛;翅表面光滑无毛,翅脉消失。腹部末端(第10腹节)呈圆管状,称尾管。雌虫腹末生无锯状产卵器。常见害虫种类如稻管蓟马 *Haplothrips aculeatus* (Fabr.)(图1-34,2)。

图 1-34 缨翅目常见昆虫

1.蓟马科 2.管蓟马科

(五)鞘翅目常见昆虫种类识别

取常见虎甲、步甲、金龟甲、象甲、天牛、瓢甲等鞘翅目昆虫标本,观察该目昆虫翅的特点、触角类型、足的类型等,并识别常见鞘翅目昆虫种类。

1.肉食亚目特征观察

鞘翅目分为肉食亚目和多食亚目(图1-35),肉食亚目的腹部第一节腹板被后足基节窝分开,多数为肉食性,常见的有步甲科和虎甲科。多食亚目的腹部第一节腹板不被后足基节窝分开,食性复杂,有水生和陆生两大类群,是农业上最重要的目之一。

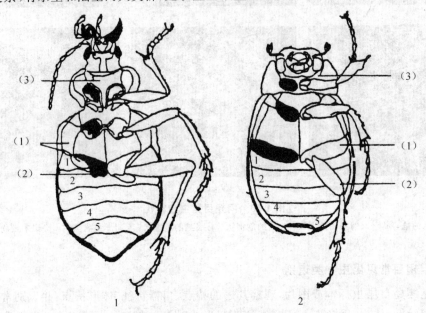

图1-35　肉食亚目和多食亚目的特征
1.肉食亚目　(1)后侧叶　(2)基节窝　(3)前胸腹板
2.多食亚目　(1)基节　(2)腿节　(3)前胸背板

2.常见昆虫种类识别

(1)步甲科　小至大型,多为黑色或褐色。头前口式,较前胸窄。触角丝状,位于上颚基部与复眼之间。下颚无能动的齿。鞘翅表面具纵沟或刻点行。后翅常退化不能飞行,故称步甲。成、幼虫捕食小型昆虫,常见种类如金星步甲 *Calosoma chinense* Kirby(图1-36,1)。

(2)虎甲科　中型,体型与步甲相似,具有鲜艳的色斑和金属光泽。头下口式,较前胸宽。复眼突出。触角丝状,11节,生于两复眼之间。上颚大,锐齿状。下颚长,有一能动的齿。鞘翅表面无纵沟或刻点行。成、幼虫捕食小型昆虫,常见种类如中华虎甲 *Cicindele chinensis* De Geer(图1-36,2)。

(3)叩头甲科　小至中型,体狭长,两侧平行。触角锯齿状。前胸与中胸结合不紧密,能上下活动。前胸背板后侧角锐刺状,前胸腹板突长刺状延伸到中胸腹板的深凹窝内,可弹跳。幼虫统称为金针虫,体细长略扁,坚硬光滑,黄色或黄褐色,大多生活在土中危害农作物的地下部分,为重要的地下害虫。常见种类如沟金针虫 *Pleonomus canaliculatus* Faldemann(图1-36,3)和细胸金针虫 *Agriotes fuscicollis* Miwa 等。

(4)吉丁甲科 成虫与叩头甲体型相似,体壁常具有美丽的金属光泽。体长形,末端尖削。头下口式,嵌入前胸。触角锯齿状,11节。前胸背板宽大于长,后胸腹板上有一条明显的横沟。幼虫体细长扁平,无足,前胸及其膨大,前胸背板一般有一"V"字形中沟,身体后部较细使虫体呈棒状。以幼虫钻蛀树木枝干或根部。常见种类如苹果吉丁虫 *Agrilus moli* Matsumura (图1-36,4)。

(5)瓢甲科 小型至中型,头小,触角锤状。头后部被前胸背板所覆盖。体背隆起呈半球形或半卵形,似瓢状。鞘翅上常有红、黄、黑色斑纹。幼虫体上常生有枝刺、毛瘤、毛突等。大多数为捕食性益虫,可捕食蚜虫、介壳虫、螨类等,常见种类如七星瓢虫 *Coccinella septempunctata* L.(图1-36,5)、龟纹瓢虫 *Propylaea japonica*(Thunberg)和异色瓢虫 *Leis axyridis* Pallas 等。少数为植食性害虫,如马铃薯瓢虫 *Hemosepilachna vigintiomaculata*(Motsch.)。肉食性种类幼虫和蛹体多为毛瘤,植食性种类多为枝刺。肉食性种类的卵和成虫具光泽,植食性种类体表暗淡。

(6)叶甲科 体小至中型,体色多鲜艳,具金属光泽,故称金花虫。触角锯齿状或丝状,常短于体长之半。复眼圆形。幼虫体上常有毛丛或瘤状突起,第10腹节末端具1对刺突。成、幼虫均为植食性,多取食植物叶片。常见种类如黄守瓜 *Aulacophora femoralis*(Motsch.)(图1-36,6)和黄曲条跳甲 *Galerucella aenescens* Fairm 等。

(7)金龟甲科 体粗壮,长形或卵圆形。触角鳃叶状,末端3~4节侧向膨大。前足开掘式,胫节膨大,变扁,外侧具齿。后足着生于身体中部,离中足近。腹部至少有1对气门外露。鞘翅短,腹部可见腹板5~6节。幼虫为蛴螬,体白色,圆筒形,胸足发达,腹部后端肥大,并向腹面弯曲呈"C"形。食性杂,多数为植食性,成虫取食的叶、花、果等部位,幼虫多土栖,也有腐食性和粪食性的种类。不少种类是取食农作物幼苗根茎部分的重要地下害虫,常见的如铜绿丽金龟 *Anomala corpulenta* Motschulsky(图1-36,7)、华北大黑鳃金龟 *Holotrichia oblita*(Faldermann)等。

(8)天牛科 触角11~12节,常与体等长或超过身体,第2节特别短。复眼肾形,环绕在触角基部。幼虫体肥胖,长圆柱形,头圆并缩入前胸,前胸粗大,腹部前六七节背、腹面常具步泡突,第9节具一对尾突。均为植食性,以幼虫钻蛀树干、树根或树枝,常见种类如星天牛 *Anoplophora chinensis*(Forster)和桑天牛 *Apriono germari* Hope(图1-36,8)等。

(9)象甲科 通称象鼻虫。头部的额和颊向前延伸成象鼻状的喙,末端着生有咀嚼式口器。触角多为膝状,末端3节膨大呈棒状。可见腹板5节,第1、第2腹板愈合。幼虫无足型,身体肥胖柔软弯曲。成虫和幼虫均为植食性,有食叶、蛀茎、蛀根及种子的种类,也有卷叶或潜叶的。常见种类如谷象 *Sitophilus granarius*(L.)(图1-36,9)、玉米象 *S. zeamais* Motschulsky 和稻象甲 *Echinocnemus squameus* Billberg 等。

(10)小蠹科 小型,椭圆或长椭圆形,触角端部三四节呈锤状。前胸背板大,与鞘翅等宽,多长于体长的三分之一。足短粗,胫节发达。幼虫白色,粗短,头部发达,无足。成虫和幼虫蛀食树皮和木质部,形成不规则的坑道。常见种类如为害柳树、榆树的脐腹小蠹 *Scolytus schevyrenwi* Semenov(图1-36,10)。

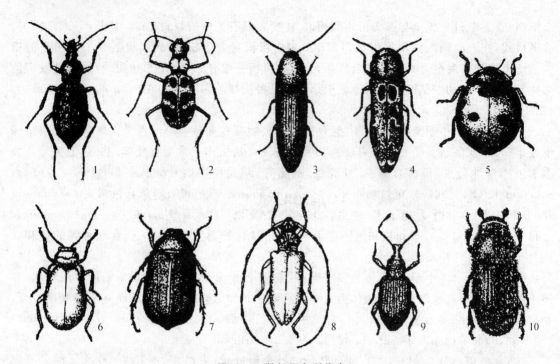

图 1-36　鞘翅目各科代表

1.步甲科　2.虎甲科　3.叩头甲科　4.吉丁甲科　5.瓢甲科
6.叶甲科　7.金龟甲科　8.天牛科　9.象甲科　10.小蠹科

(六)鳞翅目常见昆虫种类识别

取常见的鳞翅目昆虫标本或图片,如凤蝶、粉蝶、蛱蝶、毒蛾、螟蛾、夜蛾、小菜蛾等,观察鳞翅目昆虫翅的特点、触角类型、口器类型,并识别常见种类。

(1)斑蛾科　翅阔,通常颜色鲜艳,多白天活动,有警戒色。有单眼和毛隆,喙发达。幼虫体粗短,头小,体有粗大毛瘤,上生稀疏长刚毛。腹足趾钩单序中带式。常见种类如梨星毛虫 *Illiberis pruni* Dyar(图 1-37,1)。

(2)刺蛾科　中型,体粗短密毛,多为黄褐或绿色,口器退化,雌性触角丝状,雄性双栉状。翅通常短、阔、圆,生有密而厚的鳞片。幼虫俗称洋辣子,体短而胖,头小,缩入前胸,胸足小或退化,腹足呈吸盘状,体上生有枝刺,有些刺有毒,茧为坚硬的雀卵形。常见种类如黄刺蛾 *Cnidocampa flavescens* Walk(图 1-37,2)。

(3)尺蛾科　小至大型,体细,鳞片稀少,翅阔纤弱,常有细波纹。幼虫体细长,只在第 6 节、第 10 节上生有 2 对腹足,行走时身体一曲一伸,故称"尺蠖、步曲"。常见种类如大造桥虫 *Ascotis selenaria dianeria* Hübner(图 1-37,3)。

(4)螟蛾科　中小型,细长柔弱,腹部末端尖削,鳞片细密,体光滑。下唇须长,伸出头的前方。翅三角形。幼虫细长光滑,趾钩缺环,少数为全环,多为双序,极少数三序或单序,前胸气门前侧毛两根。常见种类如水稻害虫二化螟 *Chilo suppressalis* (Walker)和稻纵卷叶螟 *Cnaphalocrocis medinalis* Guenee(图 1-37,4)等。

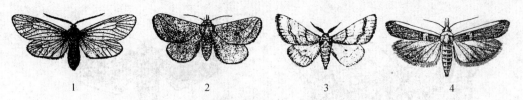

图 1-37　鳞翅目斑蛾科.刺蛾科.尺蛾科.螟蛾科
1.斑蛾科　2.刺蛾科　3.尺蛾科　4.螟蛾科

(5)夜蛾科　体多粗壮,色多暗,鳞片稀疏而蓬松。前翅略窄近三角形,密被鳞片形成斑和纹。喙发达,有单眼。典型的夜出性蛾子,趋光性和趋糖性强,许多种类有迁飞习性。幼虫体粗壮,光滑无毛,颜色深,趾钩单序中带式,如为缺环则缺口较大。幼虫可食叶、钻蛀果实或茎秆等,常见害虫种类如小地老虎 *Agrotis ypsilon*(Rottembery)(图 1-38,1)、斜纹夜蛾 *Spodoptera litura* Fabr. 和粘虫 *Pseudaletia separate*(Walker)等。

(6)毒蛾科　与夜蛾科相似,中大型,体粗壮多毛,喙退化,雄虫触角双栉齿状。雌虫腹末有成簇的毛,静止时多毛的前足伸向体前方。幼虫体多毛,某些体节有成束而紧密的有毒毛簇,腹部第 6、7 腹节背面有翻缩腺,分泌的毒液易使人过敏。趾钩单序中带式。以幼虫食叶为主,常见害虫种类如舞毒蛾 *Lymantria dispar* L.(图 1-38,2)。

(7)舟蛾科　与夜蛾科相似。中大型,口器退化,雄蛾触角多为双栉齿状,少数锯齿状,雄蛾多为丝状。幼虫胸部有峰突,静止时头尾翘起似"小舟",故称舟蛾。以幼虫食叶为主,常见害虫种类如舟形毛虫 *Phalera flavescens*(Bemer et Grey)(图 1-38,3)等。

(8)灯蛾科　与夜蛾科相似。中型,色泽较鲜艳,多为白、黄、灰、橙色,有黑色斑,腹部各节背中央常有一黑点,触角丝状或双栉齿状。后幼虫体上有突起,上生浓密的毛丝,其长短较一致。常见害虫种类如美国白蛾 *Hyphantria cunea* Drary(图 1-38,4)和红缘灯蛾 *Amsaota lactinea* Gramer 等。

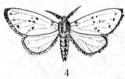

图 1-38　鳞翅目夜蛾科.毒蛾科.舟蛾科.灯蛾科
1.夜蛾科　2.毒蛾科　4.舟蛾科　5.灯蛾科

(9)枯叶蛾科　中大型,体粗壮而多毛,喙退化,雄虫触角双栉状;后翅无翅缰,肩角发达,有肩脉。幼虫粗壮,多长毛,前胸在足的上方有 1 或 2 对突起,腹足趾钩双序中带式。以幼虫食叶为主,常见害虫种类如天幕毛虫 *Malacosoma neustria testacea* Motsch(图 1-39,1)和马尾松毛虫 *Dindrolimus pnnctatus* Walker 等。

(10)天蛾科　大型,体粗壮,纺锤形,腹末尖削;触角棒状,中部加粗,末端弯曲成小钩。前翅较狭长,外缘倾斜,呈三角形,后缘外侧略向内凹,后翅小,稍圆。幼虫大而粗壮,较光滑,第 8 节背面有一尾状突起,称"尾角"。以幼虫食叶为主,常见害虫种类如豆天蛾 *Clanis bilineata tsingtanica* Walker(图 1-39,2)。

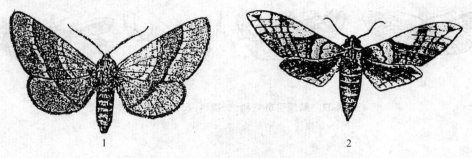

图 1-39　鳞翅目枯叶蛾科.天蛾科

1.枯叶蛾科　2.天蛾科

(11)粉蝶科　体中型,白色或黄色,有黑色或红色斑。前翅三角形,后翅卵圆形,翅展时整个身体略呈正方形。前翅臀脉 1 条,后翅臀脉 2 条。幼虫体表有很多小突起及细毛,多为绿色或黄绿色,趾钩双序或三序,中带式。幼虫以食叶为主,常危害十字花科、豆科等植物,常见害虫种类如菜粉蝶 *Pieris rapae* L.(图 1-40,1)。

(12)凤蝶科　中大型,翅的颜色及斑纹多艳丽。前翅三角形,后翅外缘波状,臀角处有尾状突。幼虫体光滑无毛,后胸隆起最高,前胸背中央有一可翻出的分泌腺,"Y"或"V"形,红色或黄色,受惊时可翻出,并散放臭气,又叫"臭角"。趾钩三序或双序,中带式。常见害虫种类如桔凤蝶 *Papilio xuthus* L.(图 1-40,2)。

(13)蛱蝶科　中大型,翅上色斑鲜艳,前足退化,触角端部特别膨大。前翅中室闭式,后翅中室开式。幼虫头部常有突起,胴部常有枝刺,腹足趾钩中带式,多为三序,少数为双序。常见种类如紫闪蛱蝶 *Apatura iris* L.(图 1-40,3)。

(14)弄蝶科　体小至中型,身体粗壮,颜色多暗。头大,触角棍棒状且末端钩状,翅常为黑褐色、茶褐色,具透明斑。幼虫纺锤状,常在卷叶中危害。常见害虫种类如直纹稻弄蝶 *Parnara guttata* Bremer et Grey。

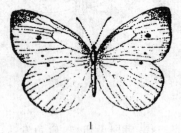  

图 1-40　鳞翅目蝶亚目常见科

1.粉蝶科　2.凤蝶科　3.蛱蝶科

(七)膜翅目常见昆虫种类识别

取胡蜂、叶蜂对比观察广腰亚目和细腰亚目的区别。如翅室多少、胸腹连接处缢缩程度。

广腰亚目大多数为中等或大形蜂类。腹基部与胸部相接处宽阔,不收缩成腰状。足的转节 2 节。翅脉较多,后翅至少有 3 个基室。产卵器锯状或管状。幼虫植食性,多足型(蠋型),多为农林作物害虫。常见的有叶蜂科(Tenthredinidae)、茎蜂科(Cephidae)、树蜂科(Siricidae)。

(1)叶蜂科 体粗壮,前胸背板后缘弯曲,前足胫节有 2 个端距。幼虫伪蠋式,腹足 6～8 对,位于腹部第 2～8 节和第 10 节上,无趾钩,以幼虫食叶为主,有些种类可潜叶或形成虫瘿。常见害虫种类如小麦叶蜂 *Dolerus tritici* Chu(图 1-41,1)和月季叶蜂 *Atractomorpha sinensis* Bolivar 等。

(2)茎蜂科 小型,体细长,前胸背板后缘平直,前足胫节有 1 个端距。幼虫无足,白色,皮肤多皱纹,腹末有尾状突起。以幼虫蛀茎危害为主,常见害虫种类如麦茎蜂 *Cephus pygmaeus* L.(图 1-41,2)。

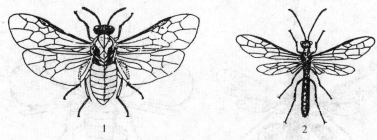

图 1-41 膜翅目广腰亚目重要科代表
1.叶蜂科 2.茎蜂科

细腰亚目的腹部基部紧束成细腰状。或延伸成柄状,腹部第 1 节并入胸部。足转节 1 或 2 节。后翅最多只有 2 个基室。根据雌虫产卵器的形态和着生情况,又可分为针尾部和锥尾部两大类群。大多数种类对人有益。如蜜蜂总科(Apoidea)的种类为各类重要经济植物授粉;蜜蜂(honeybee;蜜蜂属〔*Apis*〕)酿蜜;有许多寄生在害虫体上,如姬蜂(ichneumon)、小蜂(chalcid)、金小蜂(pteromalid)、环腹蜂(figitid)、旗腹姬蜂(ensign wasp)和肿腿蜂(bethylid)。

常见锥尾组如下。腹部末节腹板纵裂,产卵器多外露,从腹部末端伸出。后翅无臀叶。足的转节多为 2 节

(3)姬蜂科 中小型,体细长,触角线形,15 节以上。前翅第 2 列翅室的中间一个特别小,多角形,称为"小室",有回脉两条。主要寄生于鳞翅目昆虫,常见种加强类如寄生松毛虫的黑点瘤姬蜂 *Xanthpoimpla pedator* Fabricjus(图 1-42,1)。

(4)茧蜂科 小型至微小型,特征与姬蜂相似,其区别是:没有第二回脉,"小室"多数无或不明显。以幼虫寄生于同翅目、鳞翅目或鞘翅目昆虫,常见种类如寄生蚜虫的蚜茧蜂 *Ephedrus plagiator* Nees(图 1-42,2)和寄生松毛虫的松毛虫绒茧蜂 *Apanteles ordinarius* (Ratzeburg)等。

(5)小蜂科 小型,头横阔,复眼大,触角多为膝状,翅脉简单,后足腿节膨大。寄生于鳞翅目、鞘翅目、双翅目昆虫的幼虫和蛹。常见种类如广大腿小蜂 *Brachymeria lasus* Walker(图 1-42,3)。

(6)纹翅小蜂科 又叫赤眼蜂科。体微小,复眼多为红色,触角膝状。翅宽,具长的缘毛,翅面上的微毛呈带状排列。寄生于多种昆虫的卵内,该科中的许多种已可用于人工饲养释放。常见种类如褐腰赤眼蜂 *Paracentrobia andoi* (Ishii)(图 1-42,4)。

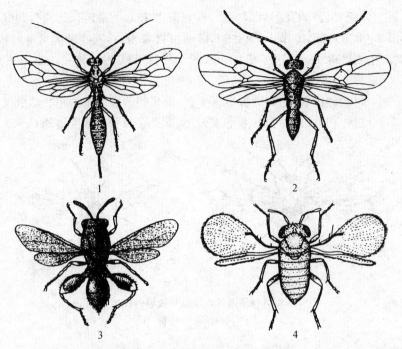

图 1-42 膜翅目细腰亚目重要科代表
1.姬蜂科 2.茧蜂科 3.小蜂科 4.纹翅小蜂科

常见针尾组如下:腹部末节腹板不纵裂,产卵器特化为螫刺,出自腹部末端,一般缩入体内而不外露。转节1节。后翅多有臀叶。

(7)胡蜂总科 通常说的马蜂就属这类昆虫,体型较大,色泽鲜艳,多黄、黑、棕色,有彩斑。触角一般雄13节,雌12节,偶有例外。前胸背板向后延伸达翅基片。休息时翅纵褶覆盖在身体上。肉食性,多数有社会行为,是农林害虫的天敌,也是养蚕业、养蜂业的害虫。成虫、幼虫和蜂巢可入药,蜂毒是昂贵的良药。但人畜误碰蜂巢,群蜂追螫,常致受伤,严重者会引起死亡。包括19个科,常见的有胡蜂科和马蜂科(图1-43,1)。

(8)泥蜂科 一般黑色,有黄色、橙色或红色的斑纹,体光滑或有毛。腹部纺锤形,具有明显的腹柄。足细长,前足适于开掘,中足胫节有2距。后翅具臀叶,多数有闭室。常捕食鳞翅目幼虫与直翅目昆虫作为子代的贮粮。常见的有黑足泥蜂等(图1-43,2)。

(9)蜜蜂总科 小到大型,多数体被绒毛或由绒毛组成的毛带,少数体光滑或具有金属光泽。中胸背板的毛分枝或羽状是本总科的主要特征。触角雄13节,雌12节。前胸背板不伸达翅基片。转节1节,多数种类后足为携粉足(图1-43,3)。

(10)蚁科 俗称蚂蚁。体小、黑色、褐色、黄色或红色。体光滑或有毛。触角膝状,4～13节,柄节很长,末端2～3节膨大。腹部第1节或1、2节呈结状。有翅或无翅。前足的距大,梳状,为净角器(清理触角用)。为多态型的社会昆虫,已知14 000多种。常见的有家蚁等(图1-43,4)。

图 1-43　常见膜翅目昆虫

1.胡蜂　2.泥蜂　3.蜜蜂　4.蚁

(八)双翅目常见昆虫种类识别

取蚊、蝇、虻昆虫标本或图片,对比观察它们的触角类型、口器类型、平衡棒的特点,幼虫类型等;识别常见双翅目昆虫种类(图 1-44)。

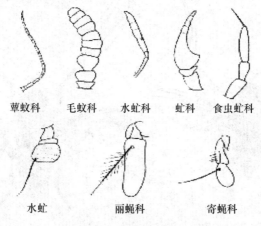

草蚊科　毛蚊科　水虻科　虻科　食虫虻科

水虻　　丽蝇科　　寄蝇科

图 1-44　双翅目昆虫的触角

取瘿蚊、花蝇、潜蝇、食蚜蝇、寄蝇等昆虫的图片和实物标本,观察其外部形态特征,识别常见的双翅目昆虫(图 1-45)。

(1)瘿蚊科　外形似蚊。身体纤弱,有细长的足;触角念珠状,10～36节,每节生有长毛。前翅阔,上生毛和鳞,翅脉简单,仅有3～5条纵脉,很少横脉。幼虫体纺锤形,或后端较纯,头部退化。植食性者,可取食花、果、茎等,能形成虫瘿。常见害虫种类如麦红吸浆虫 *Sitodiplosis mosellana* (Gehin)和柑橘花蕾蛆 *Contarinia citri* Barnes(图1-45,1)等。

(2)花蝇科　又叫种蝇科。中小型,体细长多毛,通常黑色、灰色或黄色。中胸背板有1条完整的盾间沟划分为前后两块;腋瓣大,翅脉全直,直达翅缘,M₁脉不向上弯曲。幼虫蛆式,后端截形,有6对突起。植食性种类常见的如毛笋泉蝇 *Pegomyia kiangsuensis* Fan(图1-45,2)等。

(3)潜蝇科　小至微小型,翅前缘中部有一个折断处,中脉间有2个闭室,其后面无臀室。幼虫蛆式,潜叶危害。常见害虫种类如美洲斑潜蝇 *Liriomyza sativae* Blanchard(图1-45,3)。

(4)食蚜蝇科　小至中型,体上常有黄、黑相间斑纹,色彩鲜艳,外形似蜜蜂或胡蜂,前翅中央有1条两端游离的"伪脉",外缘有1条与边缘平行的横脉。成虫善飞,可在空中静止飞行。幼虫蛆式,体表粗糙,主要捕食蚜虫、介壳虫、粉虱、叶蝉等。常见种类如大灰食蚜蝇 *Syrphus corollae* Fabricius(图1-45,4)。

(5)寄蝇科　小至中型,体多毛,暗灰色,有斑纹,触角芒多光裸。胸部在小盾片下方有呈垫状隆起的后小盾片。腹部各腹板突出被背板盖住,有许多粗大的鬃。幼虫蛆形,多寄生于鳞翅目幼虫、鞘翅目幼虫及成虫。常见种类如稻苞虫赛寄蝇 *Pseudoperichaeta nigrolinea* Walker 和粘虫缺须寄蝇 *Cuphocera varia* Fabricius(图1-45,5)等。

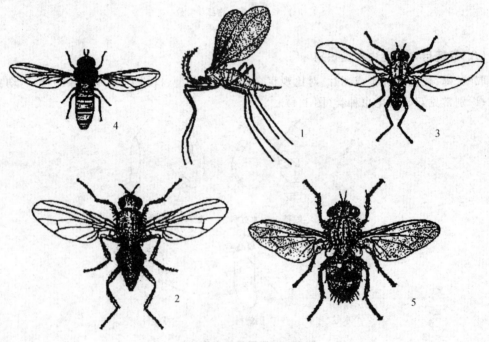

图1-45　双翅目重要科代表

1.瘿蚊科　2.花蝇科　3.潜蝇科　4.食蚜蝇科　5.寄蝇科

(九)脉翅目常见昆虫种类识别

取草蛉、蚁蛉、粉蛉、螳蛉等昆虫标本或图片观察,识别常见的脉翅目昆虫。

(1)草蛉科(图1-46) 中型,体细长柔弱,草绿色、黄白色或黄灰色。复眼有金色的闪光,触角长,丝状。翅多无色透明,少数有褐斑。翅脉绿色或黄色。卵有长柄。幼虫纺锤形,上颚长而略弯,无齿。体两侧多有瘤突,丛生刚毛。喜捕食蚜虫,故称"蚜狮"。蛹包在白色圆形茧中。常见种类有大草蛉 *Chysopa septem* Punctata 等。

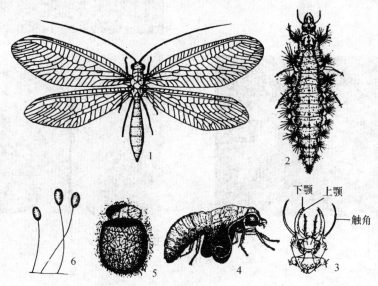

图1-46 脉翅目主要科代表(草蛉科)
1.成虫 2.幼虫 3.幼虫头部 4.蛹 5.茧 6.卵

(2)蝶蛉科 体大,外形极似蜻蜓。触角长,几乎等于体长,棒状;复眼大,被一沟分为上、下两部分。翅痣下室短。幼虫头部有显著的后头叶,上颚具3齿,外形很像蚁狮,但不筑陷阱,而是埋伏地面等待攻击经过的小型昆虫(图1-47,1)。

(3)螳蛉科 分布热带和亚热带区。中至大型,很像小螳螂的特异脉翅目昆虫,前胸延伸数倍于宽,前端大有1对瘤突,前足螳蛉为捕捉式,基节大而长,腿节粗大,腹缘有齿列及1大而粗的刺状齿,胫节细长而弧弯,跗节短而紧凑。翅两对相似,翅痣长而特殊,前翅前缘在痣以前弧凸,翅有1或2组阶脉,翅基有轭叶。螳蛉的卵具有短柄,聚产在树皮上多达数百粒(图1-47,2)。

(4)粉蛉科 体被白粉;翅脉退化,在边缘不分叉,无前缘横脉列;体小型,10 mm以下(图1-47,3)。

(5)蚁蛉科 触角短,等于头部与胸部长度之和,末端膨大。形态与豆娘很相似,翅狭长,翅痣不明显,有长形的痣下翅室。幼虫后足开掘式。大多数种类在地面或埋伏沙土中等待猎物,或在地面追逐猎物。有些种类通过陷阱捕获猎物,幼虫隐藏在漏斗状的陷阱的底部,取食掉进陷阱中的蚂蚁和其他昆虫,所以幼虫称蚁狮。幼虫行动是倒退着走,故又叫"倒退虫",可入中药。中国常见的有蚁蛉、中华东蚁蛉等(图1-47,4)。

图 1-47 其他脉翅目主要科代表

1.蝶蛉 2.螳蛉 3.粉蛉 4.蚁蛉

【任务考核】

任务考核单

序号	考核内容	考核标准	分值	得分
1	直翅目昆虫识别	能准确写出所给昆虫标本或图片的名称	10	
2	半翅目昆虫识别	能准确写出所给昆虫标本或图片的名称	10	
3	同翅目昆虫识别	能准确写出所给昆虫标本或图片的名称	10	
4	缨翅目昆虫识别	能准确写出所给昆虫标本或图片的名称	10	
5	鳞翅目昆虫识别	能准确写出所给昆虫标本或图片的名称	15	
6	鞘翅目昆虫识别	能准确写出所给昆虫标本或图片的名称	15	
7	膜翅目昆虫识别	能准确写出所给昆虫标本或图片的名称	10	
8	双直翅目昆虫识别	能准确写出所给昆虫标本或图片的名称	10	
9	脉翅目昆虫识别	能准确写出所给昆虫标本或图片的名称	10	

【归纳总结】

通过观察,可以发现,不同目的昆虫在外部形态上有很大的区别,主要体现在体形、体色;翅、足、触角的类型;及其他一些特异性特征,如鳞片的有无。具体见表 1-2。

【自我检测和评价】

1.请看下面各个昆虫,你能说出它的名称吗?你还能说出它是益虫还是害虫吗?

2.根据所学内容,你能列举出至少 10 种天敌昆虫吗?

3.请搜索网络,找到生产中利用天敌昆虫防治病虫害的成功案例。

4.说一说,在保护地茄科蔬菜生产中,常见的昆虫有哪几种?你能试着找到有效的解决方案吗?

【课外深化】

一、我国昆虫分类的新进展

20 世纪中叶以来,生物分类学领域出现了一些新的理论学派,其中最著名的有数值分类学派、支序分类学派和进化分类学派。

支序分类理论及方法诞生于 20 世纪 60 年代,80 年代初才在我国昆虫分类研究中得到应用。目前,它不仅应用于系统发育,而且较为广泛应用于生物地理学等领域。

数值分类学核心就是将所有的分类性状加以处理,再用性状间的相似性来进行归类。数值分类在20世纪70年代介绍到我国,几乎是首先被应用到昆虫分类。

长期以来,昆虫分类都是以外部形态为依据,虽然形态特征较直观、简单、快捷,但传统的形态学分类方法相似种易混淆,再到种群、行为种、近缘种、生态型等则更难确定分类地位。另外,根据外部形态在幼虫期的鉴定分类也比较困难,即使鉴定出来也具有不准确性,通常是把幼虫在室内饲养为成虫再进行分类鉴定。而利用生物学技术既可以准确客观地鉴定形态学不能分的昆虫亲缘种,又节省大量的人力和物力。主要有酯酶同工酶电泳技术、核酸序列分析技术、PCR技术等。

二、影响昆虫生长发育的因素

(一)气象因子

气象因子包括温度、湿度、降雨、光照及风,其中以温度、湿度对昆虫的作用最为突出。研究掌握气象因子的变动规律,对分析害虫种群消长规律、年份间的数量变化,准确地预测预报和开展综合防治,关系十分密切。

1.温度对昆虫的影响

昆虫是一种变温动物,它的体温基本上取决于周围环境的温度,因此,它的新陈代谢和行为在很大程度上,要受外界温度的支配。温度除了能够影响生物的生长发育外,还能影响生物的生殖力和寿命以及活动范围。

2.湿度和降水对昆虫的影响

水分是昆虫进行生理活动的介质。昆虫体内器官之间的相互联系、营养物质和代谢产物的运送、废物的排除、激素的传递等,都离不开水,湿度和降雨的实质就是水。水分一般占昆虫体重的46%~92%,水分的来源主要有食物中获得、直接饮水、体壁吸水和代谢水。水分散失途径:消化、排泄系统排水;呼吸系统蒸发失水;体壁蒸发失水。

一般来讲,昆虫对湿度的要求不是很严格,它主要影响昆虫的发育速率、成虫的存活率和生殖能力。一定范围内,湿度越大,发育越快;合适的条件下,相对湿度较大时,成虫存活率高;同时也影响昆虫的繁殖力,在25℃时,相对湿度90%以下的产卵数仅相当于相对湿度90%以上的一半。在环境湿度偏低的情况下,可能导致:雌虫不能产卵;幼虫不能孵化;幼虫不能脱皮;成虫不能羽化;羽化出来的成虫不能正常展翅。

对一些刺吸式口器昆虫来说,外界环境湿度的影响相对较少,当湿度偏低时,植物组织内含水量比较低,取食的干物质量相对增加,反而有利于生长发育,如蚜虫、介壳虫。但如果过于干旱则可能导致吸食困难,饥饿而死。

降水对昆虫的影响主要表现在以下几点:

(1)降水可以提高空气湿度,改变空气温度,故对昆虫发育产生影响;

(2)降水影响土壤含水量,对土中生活的昆虫起着重要的作用;

(3)降雪对土中或土面越冬的昆虫起保护作用;

(4)降雨影响昆虫的活动。包括扩散和迁飞;

(5)暴雨对螨类和蚜虫个体昆虫及虫卵具有机械的冲刷和杀伤作用。

3.光照对昆虫的影响

光是影响昆虫活动的重要气象因子之一。光的波长、强度和光周期对昆虫的趋性、滞育、行为等有着重要的影响。

(1)光的波长　昆虫可见波长范围在 250～700 nm,尤其是 300～400 nm 的紫外光最敏感,而对红外光不可见。昆虫的趋光性与光的波长关系密切。许多昆虫都具有不同程度的趋光性,并对光的波长具有选择性。一些夜间活动的昆虫对紫外光最敏感,如棉铃虫和烟青虫分别对光波 330 nm 和 365 nm 趋性为强。测报上使用的黑光灯波长在 360～400 nm,比白炽灯诱集昆虫的数量多、范围广。黑光灯结合白炽灯或高压汞灯诱集昆虫的效果更好。

蚜虫对黄绿光最敏感,对银白色、黑色有负趋性,因此可利用黄皿诱蚜进行测报和黄板诱蚜进行防治,也可利用银灰色塑料薄膜避蚜。

(2)光的强度　也就是亮度或照度。光强度主要影响昆虫昼夜的活动和行为,如交配、产卵、取食、栖息等。按照昆虫生活与光强度的关系可以把昆虫分为:日出型(如蝶类、蝇类、蚜虫等)、夜出型(如多数蛾类和金龟科昆虫等)、黄昏活动型(弱光活动,如小麦吸浆虫、蚊等)和昼夜活动型(如某些天蛾科昆虫)。

(3)光周期　光周期主要是对昆虫的生活节律起着一种信息反应。自然界的光照有年和日的周期变化,即有光周期的日变化和年变化。昆虫对生活环境光周期变化节律的适应所产生的各种反应,称为光周期反应。许多昆虫的地理分布、形态特征、年生活史、滞育特性、行为以及蚜虫的季节性多型现象等,都与光周期的变化有着密切的关系。

4.风对昆虫的影响

风一方面影响昆虫的垂直分布和水平分布,对昆虫的传播起着巨大作用,它可以帮助一些昆虫飞翔和迁移,但风太大则会阻碍一些昆虫的活动。如飞蝗的迁移就和风速关系密切,小风就迎着风飞翔;风力稍大就顺风飞翔;风力过大就停止飞翔。因此可以根据飞蝗活动时的风向风速,来预测飞蝗的分布范围和扩散幅度。另一方面通过影响空气的温度和湿度来影响昆虫的生长发育。

值得注意的是,昆虫虽然主要受大自然中气候因素影响较大,但自身栖息地的小气候对其影响也不容忽视。有时虽然大气候不适合昆虫的大发生,但由于栽培条件、肥水管理、植被状况等因素的影响,导致栖息地的小气候却十分利于昆虫的发生,仍可能造成害虫局部大发生,如粘虫。

(二)土壤因子

和大气温湿度一样,土壤温湿度也可以影响昆虫的生存、生长发育和繁殖力。主要影响因子包括土壤温度、土壤湿度和土壤的理化性质。

1.土壤温度

土栖昆虫在土中的活动,常常随着土层温度的变化而呈现出垂直方向的变化。如蝼蛄、蛴螬、金针虫等地下害虫,秋季土壤表层温度随气温下降而降低时,向土壤深层移动,气温愈低,潜伏愈深;春季温度回升时,土表温度也逐渐回升,昆虫则逐渐向上层移动开始危害。

了解土壤温度的变化和土栖昆虫垂直活动规律,在防治上具有较重要的意义。

2.土壤湿度

土壤湿度包括土壤水分和土壤空隙内的空气湿度,这主要取决于降水量和灌溉。土壤空气中的湿度,除表土层外,一般总是处于饱和状态,因此土栖昆虫不会因土壤湿度过低而死亡。

许多昆虫的不活动虫期,如卵和蛹期常以土壤作为栖境,避免了大气干燥对它不利的影响。

土壤温度还影响着土栖昆虫的分布。如细胸金针虫和小地老虎多发生于土壤湿度大的地方或低洼地;而沟金针虫多发生于旱地高原。

土壤含水量与地下害虫的活动为害有密切关系。如沟金针虫在春季干旱年份,幼虫延缓向土表的移动。如果土壤水分过多,则不利于地下害虫的生活,容易导致其窒息而亡,也往往使土壤昆虫易于罹病死亡。

在土壤过冬的昆虫,其出土的数量和时间受土壤含水量的影响十分明显。如小麦红吸浆虫幼虫在3、4月间遇到土壤水分不足时,就停止化蛹,继续滞育,土壤长期干燥,甚至可滞育几年。

在土壤内产卵的昆虫,产卵时对土壤含水量也有一定要求。如东亚飞蝗产卵的适宜含水量,沙土为10%~20%,壤土为15%~18%,黏土为18%~20%。

根据土壤湿度对昆虫的影响,我们可以采取灌水、水旱轮作的方式来减少虫口数量,或减轻其危害。

3.土壤的理化性质

土壤理化性质主要包括土壤成分、通气性、团粒结构、土壤的酸碱度、含盐量等,对昆虫的种类和数量都有很大的影响。

土壤的质地和结构与地下害虫的分布和活动关系密切。如华北蝼蛄主要分布在淮河以北的沙壤土地区,而东方蝼蛄则主要分布在土壤较黏重的地区。蛴螬喜欢有机质丰富的壤土。土壤的酸碱度对一些昆虫的生活影响也很大,如沟金针虫喜欢在酸性缺钙的土壤中生活,而细胸金针虫则喜欢生活在带碱性的土壤中。土壤含盐量是影响东亚飞蝗发生的重要因素。

土壤除了通过以上因素影响昆虫外,还会通过影响地表的植被来间接影响昆虫。

(三)生物因子

1.食物因素对昆虫生长发育、繁殖和存活的影响

各种昆虫都有其适宜的食物。虽然杂食性和多食性的昆虫可取食多种食物,但它们仍都有各自的最嗜食的植物或动物种类。昆虫取食嗜食的食物,其发育、生长快,死亡率低,繁殖力高。如粘虫取食禾本科作物生长最快,繁殖力最高;马铃薯瓢虫取食马铃薯适宜产卵。

植物不同生育阶段或器官对昆虫的影响也不一致。如大豆食心虫在嫩荚阶段侵入存活率最高。

研究食性和食物因素对植食性昆虫的影响,在农业生产上有重要的意义。可以据此预测引进新的作物后,可能发生的害虫优势种类;在农业生产中,可以采用轮作倒茬、合理间套作、调整播期的方式来恶化害虫的食物条件。

2.天敌因子

昆虫在生长发育过程中,常由于其他生物的捕食或寄生而死亡,这些生物称为昆虫的天敌。昆虫的大敌主要包括致病微生物、天敌昆虫和食虫动物3类。

(1)天敌昆虫

①捕食性天敌昆虫 主要包括螳螂、蜻蜓、草蛉、食蚜蝇、虎甲、捕食性步甲和捕食性瓢虫、花蝽、猎蝽等,在生物防治中发挥着重要的作用。如澳洲瓢虫防治吹绵蚧。

②寄生性天敌昆虫 多隶属于膜翅目和双翅目,如赤眼蜂、姬蜂、茧蜂、寄生蝇类等。用赤眼蜂防治玉米螟和松毛虫已是生产中非常成功的例子,开始了规模化的生产。

（2）病原微生物 致病微生物主要有细菌、真菌和病毒，但习惯上也将病原线虫、病原原生动物归于致病微生物，此外立克次体等对昆虫也有致病作用。

（3）其他食虫动物 食虫动物是指天敌昆虫以外的一些捕食昆虫的动物。主要包括蛛形纲、鸟纲和两栖纲中的一些动物。如捕食性螨类、青蛙、蟾蜍、鸟类和家禽。

（四）农业生产活动

人类的生产活动，对生态系统会产生巨大的影响，自然也会引起生态系统中的昆虫种群的深刻变化。这种影响是双重的。我们可以通过有目的的活动，使生态系统向着有利于人类而不利于害虫的方向发展。相反，如果破坏了生态平衡，则会导致害虫种类和数量的变化。

1.农业生产活动可以改变一个昆虫生长发育的环境条件

农业生产中，各种农事操作，如中耕操作、施肥灌溉、整枝修剪等，以及耕作制度的改变、兴修水利设施，都会引起农田生态系统的变化。我们可以改变农田小气候条件，使之不利于害虫而有利于天敌的发生

2.改变一个地区昆虫种类构成

包括种苗调动过程中无意地携带和人类有意地引进和利用天敌。这种活动扩大了害虫和天敌分布的地理范围。如澳洲瓢虫防治吹绵蚧、椰心叶甲啮小蜂防治椰心叶甲都是成功引进天敌治虫的范例。我们要通过加强检疫减少害虫的进入，同时通过成功引入天敌来防治害虫。

3.直接控制害虫

通过农业防治、物理机械防治、生物防治、化学防治等方法，直接控制害虫数量，使其处于经济损失允许水平以下。在防治中，一定要注意预防为主，综合治理，达到既控制害虫，又保证农业生产增产增收，保证农业生态系的平衡，注重经济的、生态的、社会的效益齐抓。

学习小结

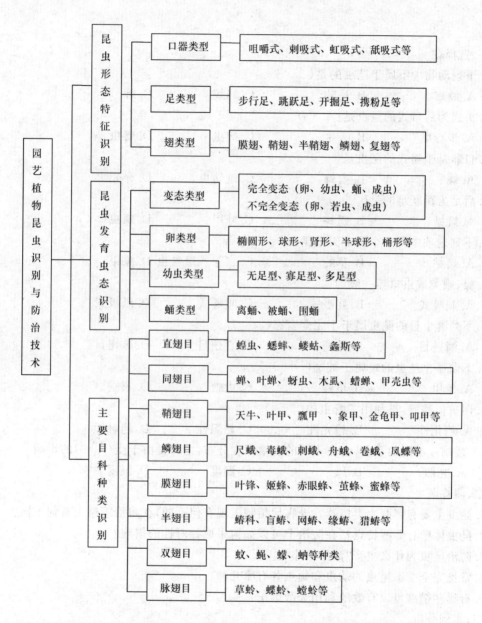

目标检测

一、选择题

1. 下列动物中不属于昆虫的是（　　）

　　A. 螳螂　　　　　　B. 马陆　　　　　　C. 蚂蚁　　　　　　D. 蝉

2. 头式为后口式的昆虫是（　　）

　　A. 步行甲　　　　　B. 天牛　　　　　　C. 蝗虫　　　　　　D. 蚜虫

3. 口器是咀嚼式的昆虫是（　　）

　　A. 蝶　　　　　　　B. 蜜蜂　　　　　　C. 蛾幼虫　　　　　D. 介壳虫

4. 后足为跳跃足的是（　　）

　　A. 蝼蛄　　　　　　B. 蟋蟀　　　　　　C. 叶甲　　　　　　D. 瓢虫

5. 下列选项中哪一个属于天敌昆虫（　　）

　　A. 蝼蛄　　　　　　B. 草蛉　　　　　　C. 二十八星瓢虫　D. 象甲

6. 蝶、蛾类成虫口器一般为（　　）

　　A. 刺吸式　　　　　B. 虹吸式　　　　　C. 咀嚼式　　　　　D. 舐吸式

7. 下列哪个目的昆虫属于不完全变态（　　）

　　A. 鳞翅目　　　　　B. 鞘翅　　　　　　C. 直翅目　　　　　D. 脉翅目

8. 下面哪个昆虫的蛹属于被蛹（　　）

　　A. 象甲　　　　　　B. 草蛉　　　　　　C. 大蚊　　　　　　D. 家蚕

9. 用黄板诱蚜，是利用了蚜虫的（　　）

　　A. 趋化性　　　　　B. 趋光性　　　　　C. 趋温性　　　　　D. 趋触性

10. 蝼蛄在不同的季节，会在不同的土壤深度分布，主要是由于受（　　）的影响

　　A. 光照　　　　　　B. 风　　　　　　　C. 温度　　　　　　D. 湿度

二、简答题

1. 昆虫主要有哪两大类口器？受害后植物表现有何不同，在防治策略上有何不同？

2. 昆虫体壁有哪些特点？在防治上可以如何采取针对性的措施？

3. 防治昆虫为什么主张"治早治小"？

4. 常见完全变态昆虫的幼虫和蛹虫各有哪几种？

5. 有哪些措施可以有效地利用天敌因子？

三、实例分析

1. 举例说明根据气象因素对昆虫的影响来防治害虫的成功案例。

2. 昆虫有哪些行为习性，如何根据昆虫的行为习性来加强对害虫的防治。

项目二　常见园艺植物病害识别与诊断

【知识目标】

通过对常见园艺植物病害症状、植物病害生物性病原及植物病害的诊断技术的学习,为园艺生产中植物病害的诊断奠定基础。

【能力目标】

能正确区分不同病原及不同病原引起的植物病害的症状,并能正确诊断植物病害。

园艺植物受植物病害侵染后,不但其产品的外观变差,产品的产量及品质下降,更影响国民经济和人民的生活水平;危险性的病害甚至造成园艺产品不能出口,影响外贸创汇;更有少数带病的园艺产品,人畜食用后会中毒。不同种类的园艺植物上病害的种类更是千差万别,那么如何区分不同的植物病害,并对其加以诊断,这就是我们本项目中要完成和学习的内容。

本项目共分三个任务来完成:1.植物病害症状识别;2.植物病害生物性病原及其所致病害识别;3.植物病害诊断。

任务一　识别常见植物病害症状

【知识点】了解什么是植物病害、植物病害的症状,掌握不同病害病状与病征的类型,能区别植物病害与机械伤害。

【能力点】能根据所学知识区别生产上不同园艺植物病害的症状。

【任务提出】

各种美丽的植物装点着我们的生活和环境,给我们带来新鲜的空气,美化我们的生活,但这些美丽的植物由于受到不良的环境条件或者不同的病原物侵染后,往往产生各种不同的表现,有的花变了颜色,有的叶子长了斑点,有的果实产生了腐烂等等。那么这些不同的症状表现,哪些是植物病害,哪些是其他伤害,应该如何区分认识呢?

【任务分析】

植物受到病原物或不良的环境条件侵染后所产生的症状多种多样,但并不是所有受侵染产生的症状都称为植物病害,那么哪些是植物病害,哪些不是,引起植物病害的原因有哪些,这些都是这个任务所要解决的问题。

【相关专业知识】

一、植物病害

植物在生物或非生物因子的影响下,发生一系列形态、生理和生化上的病理变化,阻碍了正常生长、发育的进程,从而影响人类经济效益的现象。

二、植物病害的症状

症状:植物生病后,经过一定的病理程序,最后表现出的病态特征。其中植物本身表现的不正常状态称为病状,病部表现出的病原物的特征称为病征。病状和病征的类型如下。

(一)病状类型

1. 变色

植物病部细胞内的叶绿素被破坏或形成时受到抑制,以及其他色素形成过多而表现不正常的颜色,称为变色(图 2-1,图 2-2)。绿色叶片全叶变为淡绿色或黄绿色的,称为褪绿;叶片均匀发黄的,称为黄化;叶片呈现浓绿或浅绿相间的称为花叶;花青素形成过盛,叶片变紫或红色,称为红叶。

图 2-1 黄瓜花叶病

图 2-2 白化苗

2. 斑点

斑点是植物病部局部细胞和组织坏死,但不解体,所形成的各式各样的坏死斑(图 2-3,图 2-4)。病斑的颜色不一,有褐斑、黑斑、灰斑、白斑等;病斑的形状多样,有圆斑、条斑、角斑、轮纹斑、不规则斑等。病斑组织的坏死程度不一致,有褪绿斑、坏死斑、溃疡斑、疮痂等。

图 2-3 稻瘟病

图 2-4 葱紫斑病

3.腐烂

植物病部整个组织和细胞被破坏而消解,称为腐烂(图 2-5)。如:根腐、茎腐、果腐、穗腐等。一般瓜果、蔬菜、块根、块茎等含水分较多的细嫩组织被病原物侵染后造成湿腐。

图 2-5 苹果腐烂病

4.萎蔫

植物失水而使枝叶凋萎下垂的现象,称为萎蔫(图 2-6,图 2-7)。根、茎部腐烂都能引起萎蔫,但典型的萎蔫是指植物的根部或茎基部维管束组织受病原物侵害,大量菌体堵塞导管或产生毒素,影响植物细胞对水分的吸收而引起的凋萎现象。植株急剧萎蔫死亡,叶片仍保持绿色的称青枯。

图 2-6 茄子黄萎病

图 2-7 番茄枯萎病

5. 畸形

植物发病后,受病原物产生的激素或毒素类物质的刺激而表现的异常生长,称为畸形(图2-8)。如有的过度增生肿大,形成肿瘤;有的植株生长特别快,发生徒长;有的植株生长受抑制,造成矮缩、小叶、小果;有的植株过度分化,造成丛枝、丛生;有的病组织生长不均匀,引起皱缩、卷叶等。

图 2-8　白菜根癌病

(二)病征的类型

1. 粉状物

指病部产生的各种颜色的粉状物(图2-9,图2-10)。如黄瓜白粉病的白粉状物、菜豆锈病的锈粉状物等。

图 2-9　菜豆锈病　　　　　　　　图 2-10　黄瓜白粉病

2. 霉状物

霉状物病部所产生的各种颜色的霉层,有青霉、绿霉、灰霉、黑霉、烟霉等(图2-11,图2-12)。

图 2-11　黄瓜霜霉病　　　　　　图 2-12　葡萄霜霉病

3.粒状物

指病部所产生的各式各样的颗粒状物。如甜菜菌核病等(图 2-13)。

图 2-13　甜菜菌核病

4.线状物

指病部产生的白色或紫红色的棉线状物。如茄科作物白绢病的白色丝状物(图 2-14)、甘薯紫纹羽病的紫红色线状物。

图 2-14　茄子白绢病

5.脓状物

(菌脓或菌胶)指病部溢出的含细菌的脓状黏液,干后成黄褐色胶质颗粒或菌膜,是细菌性病害特有的病征。如大白菜软腐病(图 2-15)。

图 2-15　白菜软腐病

6.草体

子实体伞形,马蹄形等个体大,各种颜色,是担子菌特有的结构。

【任务实施】

一、训练材料和用具

(1)材料 菠菜霜霉病、白菜黑斑病、葱锈病、葱霜霉病、菜豆锈病、黄瓜霜霉病、黄瓜角斑病、黄瓜病毒病、黄瓜枯萎病、番茄灰霉病、番茄叶霉病、番茄病毒病、黄瓜黑星病、黄瓜根结线虫病等病害标本。

(2)用具 显微镜、挑针、载玻片、盖玻片、蒸馏水、培养皿、镊子等。

二、任务操作步骤

(一)病害症状观察

选取当地常发的作物实物或图片标本,要求学生说出标本的病害名称,并指出该标本的病状和病征,表2-1所示。

表 2-1 病害症状类型观察

病害名称	发病部位	病状	病征
菠菜霜霉病			
白菜黑斑病			
葱锈病			
葱霜霉病			
菜豆锈病			
黄瓜霜霉病			
黄瓜角斑病			
黄瓜病毒病			
黄瓜枯萎病			
番茄灰霉病			
番茄叶霉病			
番茄病毒病			
黄瓜黑星病			
黄瓜根结线虫病			

小组间相互讨论,派1名同学向全班同学展示学习结果,最后教师点评,总结。

(二)教师考核

选取当地常发病害的实物或图片标本10种,要求学生说出标本的病害名称,并指出该标本的病状和病征,每个标本1分,计10分。标本种类如下:黄瓜枯萎病、黄瓜霜霉病、黄瓜角斑病、黄瓜病毒病、菜豆锈病、葱紫斑病、葱霜霉病、番茄叶霉病、番茄灰霉病、番茄蕨叶病毒病等。

【任务考核】

任务考核单

序号	考核内容	考核标准	分值	得分
1	植物病害病状的诊断	能准确分辨出不同病状类型	50	
2	植物病害病征的诊断	能正确分辨不同植物病害的病征类型	50	

【归纳总结】

通过完成本次任务取得学习成果如下：

1. 正确区别什么是植物病害。

2. 能正确描述植物病害的症状,包括病状和病征。

3. 能区别出相近植物病害的病状和病征。

4. 能区别植物病害与机械伤害。

【自我检测和评价】

一、概念

1. 植物病害

2. 症状

3. 病状

4. 病征

5. 典型症状

6. 隐症

7. 侵染性病害

8. 非侵染性病害

二、填空

1. 植物病害的病状分( )、( )、( )、( )、( )几种类型,病症分为( )、( )、( )、( )、( )几种类型。

2. 黄瓜霜霉病的病状是( ),病症是( );黄瓜角斑病的病状是( ),病症是( );黄瓜花叶病毒病的病状是( ),病症是( )。

3. 腐烂分( )、( )、( )三种类型。

三、简答

1. 侵染性病害与非侵染性病害的区别是什么?

2. 如何区别植物病害与机械伤害?

3. 如何区别真菌与细菌引起的叶斑?

【课外深化】

1. 植物病害田间观察记录

田间观察植物病害有哪些?(如黄瓜霜霉病、黄瓜角斑病、菜豆锈病、韭黄、番茄叶霉病、番茄灰霉病、番茄病毒病等），区别出哪是植物病害，并能区别出不同病害的病状和病征。

2. 植物病害图片搜集

观察田间发生的植物病害，发现不认识或不能正确区分病状和病征的植物病害，用照相机拍下图片，下次上课与同学们一起分享。

3. 知识链接

植物病害症状的变化及在病害诊断中的应用。

（1）异病同症　不同的病原物侵染可以引起相似的症状，如叶斑病状可以由分类关系上很远的病原物引起，如病毒、细菌、真菌侵染都可出现这类病状。大类病害的识别相对容易一些，对于不同的真菌病害，则需要借助病原形态的显微观察。

（2）同病异症　植物病害症状的复杂性还表现在它有种种的变化。多数情况下，一种植物在特定条件下发生一种病害以后就出现一种症状，称为典型症状。如斑点、腐烂、萎蔫或癌肿等。但大多数病害的症状并非固定不变或只有一种症状，可以在不同阶段或不同抗性的品种上或者在不同的环境条件下出现不同类型的症状。例如烟草花叶病毒侵染多种植物后都表现为典型的花叶症状，但它在心叶烟或苋色藜上却表现为枯斑。交链孢属真菌侵染不同花色的菊花品种，在花朵上产生不同颜色的病斑。

（3）症状潜隐　有些病原物在其寄主植物上只引起很轻微的症状，有的甚至是侵染后不表现明显症状的潜伏侵染。表现潜伏侵染的病株，病原物在它的体内还是正常地繁殖和蔓延，病株的生理活动也有所改变，但是外面不表现明显的症状。有些病害的症状在一定的条件下可以消失，特别是许多病毒病的症状往往因高温而消失，这种现象称作症状潜隐。

病害症状本身也是发展的，如白粉病在发病初期主要表现是叶面上的白色粉状物，后来变粉红色、褐色，最后出现黑色小粒点。而花叶病毒病害，往往随植株各器官生理年龄的不同而出现严重度不同的症状，在老叶片上可以没有明显的症状，在成熟的叶片上出现斑驳和花叶，而在顶端幼嫩叶片上出现畸形。因此，在田间进行症状观察时，要注意系统和全面。

（4）并发症　当两种或多种病害同时在一株植物上发生时，可以出现多种不同类型的症状，这称为并发症。

（5）综合征　当两种病害在同一株植物上发生时，可以出现两种各自的症状而互不影响；有时这两种症状在同一部位或同一器官上出现，就可能出现彼此干扰发生拮抗现象，即只出现一种症状或症状减轻，也可能出现互相促进加重症状的协生现象，甚至出现完全不同于原有各自症状的第三种类型的症状。因此拮抗现象和协生现象都是指两种病害在同一株植物上发生时出现症状变化的现象。

对于复杂的症状变化，首先需要对症状进行全面的了解，对病害的发生过程进行分析（包括症状发展的过程、典型的和非典型的症状以及由于寄主植物反应和环境条件不同对症状的影响等），结合查阅资料，甚至进一步鉴定它的病原物，才能做出正确的诊断。

任务二　识别植物病害生物性病原及其所致病害

【知识点】掌握引起常见园艺植物病害的生物性病原种类及形态特征识别。

【能力点】通过镜检等手段分析出引起常见园艺植物病害的病原。

【任务提出】

通过前一任务的学习,已经了解了园艺植物病害的症状,但是引起园艺植物病害的原因是什么样的呢? 想要了解这些,就需要我们对引起植物病害的病原进行系统的学习。

【任务分析】

引起植物病害的原因多种多样,如何正确分辨引起植物病害的病原,需要我们先对其进行分类,然后再进行识别。

【相关专业知识】

一、植物病原真菌

(一)真菌的营养体

真菌的营养体是指真菌营养生长阶段所形成的结构。各种真菌营养体的形状不同。典型的营养体是很细小的丝状体,少数是不具细胞壁的原生质团或具细胞壁的单细胞结构,有的还有根状菌丝。真菌的营养体没有根、茎、叶的分化,也没有维管组织,营养体细胞可以直接从环境中吸收养分,并具有输送和贮存养分的功能,为无性生殖和有性生殖做准备。同时,为了适应真菌生长和繁殖的需要,真菌的营养体还可以形成菌组织及各种菌体的变态结构。

1.真菌的基本形态

真菌进行营养生长的菌体,一般为丝状体,单根称菌丝,多根称菌丝体。菌丝管状,直径 $1\sim5~\mu m$,旁侧分枝,顶端伸长,形成疏松的菌丝体。菌丝透明或有色。菌丝细胞内充满原生质,有细胞核、油滴和液胞等内含物。低等真菌的菌丝无隔膜,称为无隔菌丝。高等真菌的菌丝有隔膜,称为有隔菌丝(图 2-16)。

2.细胞结构

真菌的菌丝细胞由细胞壁、质膜、细胞质和细胞核组成。细胞质中包含线粒体、液泡、

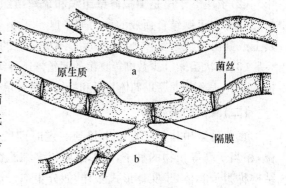

图 2-16 真菌的营养体
a.无隔菌丝　b.有隔菌丝

内质网、膜边体、胞囊、核蛋白体、伏鲁宁体等。少数低等真菌还含有高尔基体。同时菌丝细胞中还含有高尔基体、微管、脂肪体、结晶体和色素等内含物。

3.菌丝的变态结构与菌丝的组织体

常见的菌丝变态结构有吸器、假根、菌环和菌网等。

(1)吸器　是寄生在细胞间的真菌,特别是一些专性寄生菌在菌丝体上形成的吸收养分的器官,形状有球状、丝状、掌状、裂片状等(图 2-17)。

(2)假根　为伸入基物内的菌丝体,形如高等植物的根系,故称假根。假根除具吸收养分功能外,还有固着菌体的作用。

(3)菌环和菌网　捕食性真菌常由菌丝分化成菌环和菌网组织来捕捉线虫等小动物,然后再由菌丝侵入线虫体内吸取营养。

有些真菌的菌丝体,在一定的条件下或一定的发育阶段,可形成特殊的组织体,常见有菌核、子座(图2-18)和根状菌索。

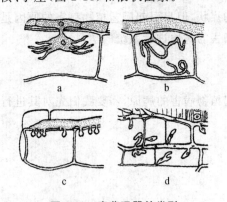

图 2-17　真菌吸器的类型
a.白粉菌　b.霜霉菌　c.白锈菌　d.锈菌

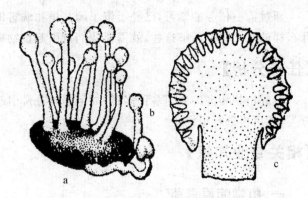

图 2-18　菌丝的组织体
a.菌核　b.子座　c.子座剖面

(1)菌核　菌核是由拟薄壁组织和疏丝组织形成的一种休眠体,既是真菌贮藏养分的器官,又是真菌用以度过不良环境的休眠机构,菌核大小不一,色泽和形状也各不相同。菌核中的菌丝组织已有分化现象,外皮组织细胞排列紧密,色深壁厚,具有保护作用,为拟薄壁组织;内层细胞壁薄色淡,排列疏松,仍可维持营养作用,为疏丝组织。

(2)子座　子座是由拟薄壁组织和疏丝组织形成的容纳子实体的座垫状结构,或由菌丝体与部分寄主组织结合而成的称为假子座。子座是真菌从营养体到繁殖体的过渡机构,除可在其上或其内形成子实体外,也有度过不良环境的作用。

(3)根状菌索　少数高等真菌的菌丝体还可纠结成绳索状的组织体,形如高等植物的根,故称根状菌索,其作用是帮助菌体蔓延和抵抗不良环境,根状菌索组织也有表皮和内部组织的分化。

(二)真菌的繁殖体

真菌的繁殖体是指真菌生长到一定时期所产生的繁殖器官。孢子是真菌繁殖的基本单位,相当于高等植物的种子,由单细胞或多细胞组成,构造简单,无胚的分化。真菌产生孢子的结构称为子实体,子实体形式多样,如分生孢子盘、分生孢子器、子囊盘、闭囊壳、担子果。子实体和孢子的形态是真菌分类的重要依据之一。根据真菌产生孢子的方式不同,可将真菌的繁殖分为无性生殖和有性生殖两大类。

1.真菌的无性生殖

真菌的无性生殖是指不经过两性细胞或性器官的结合,直接由营养细胞的分裂或营养菌丝的分化(切割)而形成同种新个体的繁殖方式。无性生殖产生的各种孢子统称为无性孢子。常见的无性孢子有(图2-19):

(1)芽孢子　指单细胞营

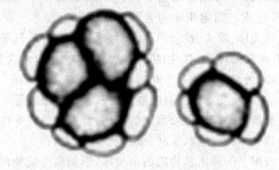

图 2-19　真菌无性孢子类型
a.厚膜孢子　b.节孢子　c.芽孢子　d.游动孢子囊和游动孢子
e.孢子囊和孢囊孢子　f.分生孢子梗和分生孢子

养体、孢子或丝状真菌的产孢细胞以芽生的方式产生的无性孢子,如酵母菌营养体或黑粉菌担孢子产生的芽孢子等。

(2)节孢子(又称粉孢子) 由成熟的菌丝形成分隔断裂成大致相等的菌丝段,有时形成链状孢子。无休眠功能,在适当条件下可以发育成新个体。

(3)厚膜孢子(也称厚垣孢子) 菌丝顶端或中间细胞的原生质浓缩,细胞壁增厚,形成的圆形或椭圆形孢子,具休眠作用,能度过不良环境。

(4)游动孢子 菌丝或孢囊梗顶端膨大形成囊状物即孢子囊,孢子囊成熟后破裂,释放出无细胞壁、具1~2根鞭毛、可以在水中游动的孢子。产生游动孢子的孢子囊又称游动孢子囊。

(5)孢囊孢子 形成特点与游动孢子相似,区别在于孢囊孢子具有细胞壁,无鞭毛。

(6)分生孢子 孢子产生在分生孢子梗、分生孢子盘上或分生孢子器内,为真菌最高级的无性繁殖形态。分生孢子梗由菌丝分化而成,分枝或不分枝,伸出病部外面。

2.真菌的有性生殖

真菌生长发育到一定时期(一般到后期)就进行有性生殖。真菌的有性生殖是指通过性细胞或性器官结合产生孢子的繁殖方式。真菌进行有性生殖时,营养体上分化出性器官或性细胞,有性生殖就是通过它们之间的结合完成的。真菌的性器官又称配子囊,性细胞称配子。有性生殖所产生的孢子称为有性孢子。常见的有性孢子有(图2-20):

(1)卵孢子 由两个异型配子囊即雄器和藏卵器结合而形成,如鞭毛菌中卵菌的有性孢子。可以抵抗不良环境条件。

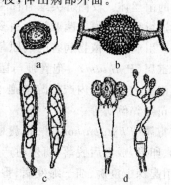

图2-20 真菌有性孢子类型
a.卵孢子 b.接合孢子 c.子囊孢子 d.担孢子

(2)接合孢子 是接合菌的有性孢子。由两个异性同型配子囊结合而成的表面光滑或有纹饰的孢子。

(3)子囊孢子 是子囊菌的有性孢子,产生在子囊内,每个子囊中一般形成8个子囊孢子。子囊通常产生在有包被的子囊果内。

(4)担孢子 是担子菌的有性孢子,产生在担子上,每个担子上通常着生4个担孢子。

(三)真菌的分类与命名

Whittaker R.H.1969年提出五界学说,即原核生物界、原生生物界、动物界、植物界和菌物界。1973年,Anisworth等根据真菌营养体的特点将真菌门分为5个亚门(表2-2)。

表2-2 真菌5个亚门的主要特征

亚门	营养体	无性繁殖体	有性繁殖体
鞭毛菌亚门(Mastigomycotina)	无隔菌丝或单细胞	游动孢子	卵孢子
接合菌亚门(Zygomycotina)	无隔菌丝	孢囊孢子	接合孢子
子囊菌亚门(Ascomycotina)	有隔菌丝或单细胞	分生孢子	子囊孢子
担子菌亚门(Basidiomycotina)	有隔菌丝	少有分生孢子	担孢子
半知菌亚门(Deuteromycotina)	有隔菌丝	分生孢子	无

真菌的分类单元是界、门(-mycota)、纲(-mycetes)、目(-ales)、科(-aceae)、属(-mycota)、种(-mycota),必要时在两个分类单元之间还可增加一级,如亚目、亚科、亚属、亚种等。各个分类单元学名的字尾规定不变的,属和种的学名则没有统一的字尾。

真菌种的命名采用林奈的"双名制命名法",如:禾柄锈菌的学名为:*Puccinia graninis* Pers.,第一词是属名,第二词是种名。属名的首字母要大写,种名则一律小写。学名之后加定名人的名字(通常是姓,可以缩写),如果更改原学名,应将原定名人放在学名后的括号内,在括号后再注明更改人的姓名。

(四)植物病原真菌的主要类群

1. 鞭毛菌亚门

鞭毛菌亚门真菌的共同特征是无性生殖产生具鞭毛的游动孢子。鞭毛菌营养体单细胞或无隔膜的菌丝体。较高等类型有性生殖时形成卵孢子。主要根据游动孢子鞭毛的类型、数目和位置进行分类。鞭毛菌亚门真菌多数生活在水中,少数为两栖和陆生,潮湿环境有利于其生长发育。引起园林植物病害的病原菌主要有:

腐霉属(*Pythium*) 孢囊梗与菌丝差别不大,孢子囊丝状、姜瓣状卵形,不脱落。萌发时先形成泡囊。在泡囊内产生游动孢子(图2-21)。常引起蔬菜土传病害,如茄科蔬菜、十字花科蔬菜苗期猝倒病等。

疫霉属(*Phytophthora*) 孢囊梗不分枝或假轴式分枝,并于分枝顶端产生孢子囊。孢子囊梨形、卵形,成熟后脱落,萌发时产生游动孢子,不形成泡囊(图2-22)。为害花木的根、茎基部,常引起辣椒疫病、茄子绵疫病、番茄疫霉根腐病等。

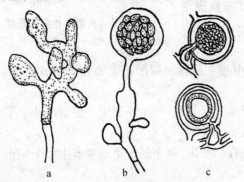

图2-21 腐霉菌属
a.孢子梗和孢子囊 b.孢子囊萌发形成泡囊 c.雄器、藏卵器和卵孢子

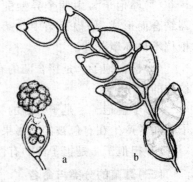

图2-22 苹果疫霉
a.游动孢子 b.孢子囊

霜霉属(*Peronospora*) 孢囊梗顶部对称二叉状锐角分枝,末端尖细。病部产生白色或灰黑色霜霉状物(图2-23,a)。

假霜霉属(*Pseudoperonospora*) 孢囊梗主干单轴分枝,以后又作2~3回不对称二叉状锐角分枝,末端尖细(图2-23,b)。

单轴霉属(*Plasmopara*) 孢囊梗单轴分枝,分枝呈直角,末端平钝(图2-23,c)。

白锈属(*Albugo*) 孢囊梗不分枝,短棍棒状,密集在寄主表皮下呈栅栏状,孢囊梗顶端串生孢子囊,白色疤状突起,表皮破裂散出白色锈粉(图2-24),如牵牛花白锈病。

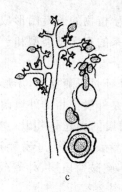

图 2-23　霜霉菌

a.霜霉属　b.假霜霉属　c.单轴霉属

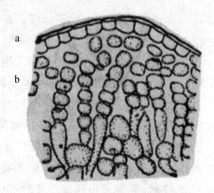

图 2-24　白锈菌

a.寄主表皮　b.孢子囊链及孢囊梗

2.接合菌亚门

接合菌亚门真菌的共同特征是营养体为无隔菌丝体,无性生殖形成孢子囊,产生不能动的孢囊孢子,有性生殖产生接合孢子。与园林植物病害有关的主要是根霉属(*Rhizopus*)和笄霉属(*Choanephora*)。

根霉属(*Rhizopus*)　营养体为发达的无隔菌丝,分布在基质表面和基质内,有匍匐丝和假根。孢囊梗从匍匐丝上长出,与假根对生,顶端形成孢子囊,其内产生孢囊孢子(图 2-25)。常引起瓜果、薯类的软腐病和瓜类花腐病等,如桃软腐病、南瓜软腐病和百合鳞茎软腐病等图。

毛霉属(*Mucor*)　菌丝体分化出直立、不分枝或有分枝的孢囊梗,不形成匍匐丝与假根,引起果实及贮藏器官的腐烂(图 2-26)。

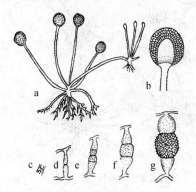

图 2-25　根霉菌

a.孢囊梗、孢子囊、假根和匍匐丝　b.放大的孢子囊

c、d、e、f、g.接合孢子的形成

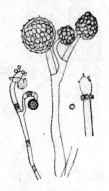

图 2-26　毛霉属

孢子囊梗及孢子囊

3.子囊菌亚门

营养体是发达的、有隔膜的菌丝体,少数为单细胞。许多子囊菌的菌丝体可以形成子座和菌核等机构。子囊菌的共同特征是无性生殖产生分生孢子,有性生殖形成子囊和子囊孢子。子囊多呈棍棒形或圆桶形。一般 1 个子囊内生 8 个子囊孢子。子囊大多产生在由菌丝形成的子囊果内,少数裸生,不形成子囊果。子囊果有 4 种类型:子囊果完全封闭,没有固定的孔口称闭囊壳图;子囊果有固定孔口的称子囊壳;子囊果呈盘状的称子囊盘;子囊产生在子座组织内,

这种内生子囊的子座称子囊座。寄生植物的子囊菌形成子囊果后,往往在病组织表面形成小黑粒或小黑点状的病征。根据子囊果的有无及类型和子囊的特征,本亚门可分为6个纲,与园林植物病害相关的主要有以下几纲:

(1)半子囊菌纲　本纲的主要特征是子囊裸生,不形成子囊果。

其中与园林植物关系最密切的是外囊菌目的外囊菌属。

外囊菌属(*Taphrina*)。外囊菌属的菌丝体粗壮,分枝多,无性生殖不发达,子囊长圆筒形,平行排列在寄主表面,不形成子囊果,子囊孢子芽殖产生芽孢子。有性生殖可由蔓延于表皮或角质层下的菌丝直接形成子囊,突破角质层,外露成为灰白色霉层。常引起桃缩叶病、樱桃丛枝病、李袋果病和梅膨叶病等(图2-27)。

(2)核菌纲　主要特征是营养体为发达的有隔菌丝;无性繁殖产生大量的各种形态的分生孢子;有性繁殖产生具有孔口的子囊壳,子囊壳下部呈球形或近球形,上部有一个长短不一的喙。有的核菌纲真菌的子囊果为闭囊壳。核菌纲中与园艺植物病害相关的主要有白粉菌目和球壳目。

白粉菌目真菌均为专性寄生菌,引起各种植物的白粉病。白粉菌的菌丝长在寄主表面生长,并形成指状或球状的吸器伸入寄主表皮或叶肉细胞。无性繁殖产生大量椭圆形的分生孢子,有性繁殖产生球形或近球形的闭囊壳,肉眼可见小黑点。闭囊壳四周或顶部着生各种形态的附属丝。附属丝的形态及壳内的子囊数目是分类的重要依据。常见的有白粉菌属(*Erysiphe*)、钩丝壳属(*Uncinula*)、球针壳属(*Phyllactinia*)、叉丝壳属(*Microsphaera*)、单丝壳属(*Sphaerotheca*)和叉丝单囊壳属(*Podosphaera*)等(图2-28)。引起黄瓜、角瓜、番茄、辣椒等蔬菜白粉病。

图2-27　外囊菌属

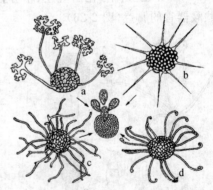

图2-28　白粉菌目
a.叉丝壳属　b.球针壳属　c.白粉菌属
d.钩丝壳属　e.单丝壳属　f.叉丝单囊壳属

(3)腔菌纲　子囊果为子囊腔,单个子囊散生在子座组织中,或许多子囊成束或成排着生在子座形成的子囊腔内。寄生类型的菌丝体多侵入寄主组织体内吸取养分。有性生殖在子囊腔内产生子囊孢子,子囊双层壁。本纲与园艺植物病害关系较大的属有球腔菌属(*Mycosphaerella*)及黑星菌属(*Venturia*)等。

球腔菌属(*Mycosphaerella*)　子囊座着生在寄主叶片表皮下;子囊初期束生,后平行排列;子囊孢子椭圆形,无色,双细胞,大小相等。常引起扁豆叶斑病、蚕豆褐斑病、黄瓜蔓枯病等。

黑星菌属(*Venturia*)　假囊壳大多在病残余组织的表皮下形成,周围有黑色,多隔的刚毛,长圆形的子囊平行排列,成熟时伸长;子囊孢子椭圆形,双细胞大小不等(图2-29)。常引起黑星病。

(4)盘菌纲　子囊果呈盘状、杯状或近球形称子囊盘,有柄或无柄,盘内由子囊和侧丝整齐排列成子实层。一般缺乏无性阶段。盘菌为腐生菌,仅少数寄生植物。多数不产生分生孢子。重要的有核盘菌属。

核盘菌属(*Sclerotinia*)　菌丝体能形成菌核。菌核在寄主表面或组织内,球形、鼠粪状或不规则形,黑色。由菌核产生于囊盘。子囊盘杯状或盘状,褐色。子囊孢子单孢、无色、椭圆形。不产生分生孢子(图2-30)。可引起白菜、萝卜、甘蓝、茄子、菜豆、胡萝卜、豌豆等蔬菜菌核病。

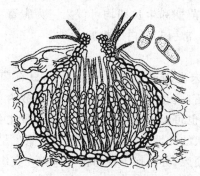

图 2-29　黑星菌属

具有刚毛的假囊壳和子囊孢子

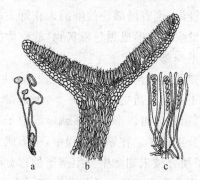

图 2-30　核盘菌属

a.菌核萌发形成子囊盘　b.子囊盘剖面

c.子囊、子囊孢子及侧丝

4.担子菌亚门

担子菌亚门真菌是最高级的一类真菌,共同特征是有性生殖产生担孢子。担子菌的营养体为有隔菌丝体,无性生殖除锈菌和少数黑粉菌外,大多数不形成无性孢子,有性生殖除锈菌外,直接产生担子和担孢子。担孢子产生在担子上,每个担子上一般形成4个担孢子。低等担子菌的担子裸生,不产生担子果。高等担子菌的担子着生在担子果上。与园艺蔬菜病害关系密切的主要有锈菌目和黑粉菌目。

(1)锈菌目(Uredinales)　锈菌目全部为专性寄生菌。菌丝体发达,寄生于寄主细胞间,以吸器穿入细胞内吸收营养。不形成担子果。锈菌目主要根据冬孢子的形态、排列和萌发的形式等性状进行分类。锈菌主要是局部侵染,为害植物的绿色部分,形成许多褪绿斑点,病部产生黄色或褐色粉状物,似铁锈状,故称锈菌。与园林植物关系密切的主要有(图2-31):

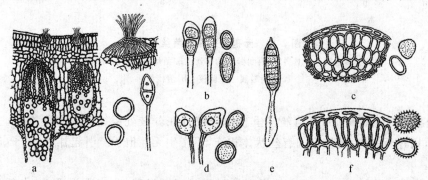

图 2-31　担子菌亚门真菌

a.胶锈菌属　b.柄锈菌属　c.层锈菌属　d.单胞锈菌属　e.多胞锈菌属　f.栅锈菌属

柄锈菌属（*Puccinia*） 冬孢子柄短，双胞，壁厚，深褐色，隔膜处缢缩不深，不能分离，引起豇豆锈病、蚕豆锈病等。

单胞锈菌属（*Uromyces*） 冬孢子有柄，单胞，常引起菜豆锈病、葱锈病等。

（2）黑粉菌目（Ustilaginales） 冬孢子萌发形成先菌丝和担孢子，担子无隔或有隔，担孢子直接产生在担子上。黑粉菌不是专性寄生的，黑粉菌大多为兼性寄生的，寄生性较强。黑粉菌的分类主要根据冬孢子的性状，如孢子的大小、形态、纹饰、是否有不孕细胞、萌发的方式以及孢子堆的形态等。但是有些种的黑粉菌的寄主范围也作为种的鉴别性状。黑粉菌多半引起全株性侵染，也有局部性侵染的。在寄主的花期、苗期和生长期均可侵入。为害寄主植物时，通常在发病部位形成黑色粉状物，故称为黑粉菌。常引起茭白黑粉病。

5.半知菌亚门

半知菌亚门包括只有无性阶段、有性阶段尚未发现或不产生分生孢子，只有菌丝体的真菌。由于对其生活史只了解一半，因此得名半知菌。营养体为有隔菌丝体，少数为单细胞（酵母类）。菌丝体可以形成菌核或厚膜孢子等结构，也可以形成分化程度不同的分生孢子梗，梗上着生分生孢子。在繁殖过程中，可形成4种形状的无性子实体，分生孢子梗聚生呈丛状或束状，孢子梗分枝末端产生分生孢子的称分生孢子梗束；分生孢子梗与菌丝体相互交织形成一个瘤状结构并突出于表面的称分生孢子座；在寄主表皮下先由菌丝组成一个盘状结构，分生孢子梗及分生孢子着生在其中的称分生孢子盘；由菌丝交织形成一个有孔口的球形或瓶形容器状结构，分生孢子梗和分生孢子着生其中的称分生孢子器。

植物病原真菌中绝大部分是半知菌，其中与园艺植物相关的主要属有：

（1）无孢菌目（Agonormycetales） 无性繁殖不产生分生孢子，有的能形成厚垣孢子或菌核。菌丝体发达，褐色或无色。主要为害植物的根、茎基或果实等部位，引起立枯、根腐、茎腐和果腐等症状。重要的园艺植物病原有（图2-32）：

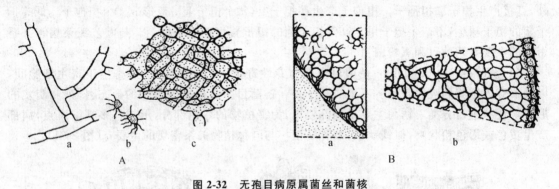

图2-32 无孢目病原属菌丝和菌核
A.丝核菌属 a.具缢缩、直角分枝的菌丝 b.菌丝纠结的菌组织 c.菌核
B.小菌核属 a.菌核 b.菌核剖面

丝核菌属（*Rhizoctonia*） 菌丝多呈直角分枝且在分枝处缢缩，粗而短，褐色。菌核表里颜色相同，褐色至黑色，菌核之间有丝状体相连，不产生无性孢子。引起甘蓝、茄子、辣椒、黄瓜立枯病等。

小核菌属（*Solerotium*） 产生较规则的圆形或扁圆形菌核，表面褐黑色，内部白色，菌核间无菌丝相连。引起白绢病。

(2)丝孢目(Hyphomycetales) 分生孢子直接从菌丝上产生或从散生的分生孢子梗上产生、分生孢子与分生孢子梗无色或有色,重要的有(图 2-33):

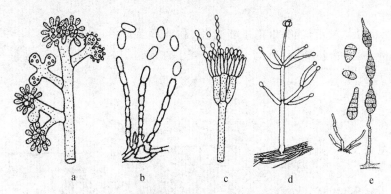

图 2-33 丝孢目重要病原属的分生孢子梗和分生孢子
a.葡萄孢属 b.粉孢属 c.青霉属 d.轮枝孢属 e.链格孢属

葡萄孢属(*Botrytis*) 分生孢子梗无色,顶端细胞膨大成球形,上面首生许多小梗,分生孢子单孢,无色,椭圆形,着生小梗上聚集葡萄穗状。引起多种植物幼苗,果实及贮藏器官的猝倒、落叶、花腐、烂果等。如:白菜、甘蓝、茄子、辣椒、黄瓜、菜豆等蔬菜灰霉病。

粉孢属(*Oidium*) 分生孢子梗直立,顶部产生菌丝型的分生节孢子(粉孢子)。分生孢子串生、单孢、无色。为白粉病的无性阶段。引起蚕豆白粉病。

青霉属(*Penicillium*) 分生孢子梗直立,顶部一至多次分枝,形成扫帚状,分枝顶端产生瓶状小梗,小梗顶端产生成串的分生孢子、分生孢子单孢、无色。引起蒜、番茄青霉病。

轮枝孢属(*Verticillium*) 分生孢子梗轮状分枝,孢子卵圆形至椭圆形、单细胞、单生或聚生。引起茄、辣椒黄萎病。

链格孢属(*Alternaria*) 分生孢子梗深色,顶端单生或串生淡褐色至深褐色、砖隔状分生孢子。孢子倒棍棒状椭圆形或卵圆形,顶端有喙状细胞。引起白菜、萝卜、芥菜等黑斑病,葱、蒜紫斑病,番茄、马铃薯早疫病等。

枝孢属(*Cladosporium*) 菌落浅褐色,分生孢子梗直立,稍弯曲,淡褐色;枝孢顶具 2~3 个孢痕,淡褐色,无隔膜。分生孢子顶生或侧生,形成短孢子于链,椭圆形,0~1 个隔膜,大多数无隔膜,基部有孢痕,淡褐色,平滑。引起黄瓜黑星病等。

尾孢属(*Cercospora*) 分生孢子梗黑褐色,束生在子座组织上。子座明显突出叶片背面,呈黑色小点,排列成轮纹状。分生孢子倒棍棒形或圆筒形,3~5 个横隔膜。引起菜豆叶斑病、茄圆星病、豌豆褐斑病、蚕豆叶斑病、香菜斑点病等。

(3)瘤座孢目(Tuberculariales) 分生孢子梗头版生在分生孢子座上,分生孢子座呈球形、碟形或瘤状,鲜黄或暗色。主要的有:

镰孢属(*Fusarium*) 大型分生孢子多细胞、镰刀型、小型分生孢子单胞、椭圆形至卵圆形,聚生呈粉红色(图 2-34)。引起菜豆根腐病、黄瓜枯萎病、芹菜猝倒病等。

(4)黑盘孢目(Melanconiales) 分生孢子着生分生孢子盘内。

炭疽菌属(*Colletotrichum*) 分生孢子盘生在寄主表皮,有时生有褐色、具分隔的刚毛;分生孢子梗无色至褐色、分生孢子无色、单胞、长椭圆形或新月形。引起菜豆炭疽病、豌豆炭疽病、番茄炭疽病、黄瓜炭疽病等。

（5）球壳孢目（Sphaeropsidales）　分生孢子产生在分生孢子器内,分生孢子器球形,顶端有孔口。

叶点霉属（*Phyllosticta*）　分生孢子器暗色、扁球形至球形、是孔口,分生孢子梗短、了解子小、单孢、无色、卵圆至长椭圆形（图2-35）。寄生性强。引起菜豆、豇豆、扁豆褐纹病、豌豆叶斑病、黄瓜叶斑病等。

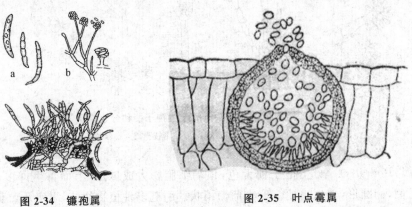

图 2-34　镰孢属
a. 大孢子　b. 小孢子

图 2-35　叶点霉属

壳针孢属（*Septorira*）　分生孢子器黑色,近圆形,有孔口,着生寄主表皮下,部分露出。分生孢子梗短,分生孢子细长,线形,五色,有数个分隔。引起番茄斑枯病、南瓜角斑病、莴苣斑枯病、芹菜斑枯病、豇豆叶斑病等。

拟茎点霉属（*Phomopsis*）　分生孢子器内产生两种分生孢子,甲型分生孢子卵圆形,单细胞,乙型分生孢子线形,一端弯曲呈钩状。常引起茄褐纹病等。

二、植物病原细菌

植物病原细菌（bacterium,复 bacteria）属原核生物界,细菌门,为单细胞生物,大小介于真菌与病毒之间。目前已知的有 5 个属,40 多个种,近 200 多个致病变种（pathovar,细菌的变种）。

（一）植物病原细菌的一般性状

细菌个体小,通常要经过染色后在高倍显微镜下放大 1 000 倍才能观察到。植物病原细菌都是单细胞,具有细胞壁、原生质膜、原生质、核物质及各种内含体,但无核膜,有些有荚膜。细菌的形态有球状、杆状和螺旋状（图2-36）,植物病原细菌都是杆状。绝大多数都有鞭毛,少数种类无鞭毛。

植物病原细菌不含有叶绿素,因而是异养的,依靠寄生和腐生生存。通过细胞的渗透作用直接吸收,同时分泌酶类将不溶物转化为可溶物,供其吸收。所有的植物病原细菌都是死体营养生物,都可在人工培养基上生长繁殖。植物病原细菌以裂殖方式繁殖。适宜条件下,每小时分裂 1 至数次,繁殖速度极快。植物病原细菌一般在中性偏碱的环境中生长良好,好气,生长的最适温度为 26~30℃。因此,一般高温、多雨（尤以暴风雨）、湿度大、氮肥过多等因素均有利于细菌病害的流行。

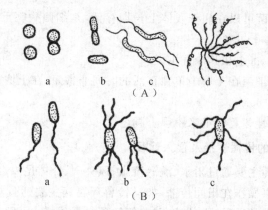

图 2-36　细菌形态及鞭毛着生方式

（A）　细菌形态：a.球菌　b.杆菌　c.螺旋菌　d.链丝菌

（B）　鞭毛着生方式：a.单极鞭毛　b.极生多鞭毛　c.周生鞭毛

（二）植物病原细菌的主要类群

根据细菌的形态、染色反应、生理生化性状、血清反应以及致病性等特征,把植物病原细菌主要分 14 个属,与园林植物病害相关的主要有以下五个属:

（1）棒状杆菌属（*Clavibacter*）　革兰氏染色阳性。

（2）假单胞杆菌属（*Pseudomonas*）　革兰氏染色阴性,鞭毛极生,数根,菌落白色。

（3）黄单胞杆菌属（*Xanthomonas*）　革兰氏染色阴性,鞭毛极生,一根,菌落黄色。

（4）野杆菌属（*Agrobacterium*）　革兰氏染色阴性,鞭毛周生,1～4 根,引起肿瘤。

（5）欧氏杆菌属（*Erwinia*）　革兰氏染色阴性,鞭毛周生,多根,引起腐烂或萎蔫。

（三）细菌病害的症状及识别

（1）坏死型　主要发生在叶片和茎秆上,出现各种不同的斑点或枯焦,前者如黄单胞菌引起的棉花角斑病、柑橘溃疡病,后者如水稻白叶枯病。

（2）腐烂型　由于细菌分泌的果胶酶的分解作用而使受害植物的根、茎、块根、块茎、果实、穗等肥厚多汁器官的细胞解离、组织崩溃腐烂,甚至整株腐烂黏滑、发臭。如欧氏杆菌引起的细菌性软腐病。

（3）萎蔫型　引起萎蔫型病害的细菌能产生毒素,破坏维管束或细菌大量繁殖堵塞导管,阻碍水分输送,引起局部或全株凋萎的现象。横切幼嫩维管束组织,并用力挤压,在切口处有污白色的液体流出。如假单胞杆菌引起的萎蔫病,欧氏杆菌引起的枯萎病等。

（4）畸形　细菌产生的激素刺激植物的根、根颈及茎秆上的细胞增生、组织膨大而形成肿瘤、毛根及丛枝等症状。如白菜根癌病等。

细菌与真菌性引起的病害症状,虽然有时在寄主植物上的表现相似,但细菌病害的后期,如遇适宜温、湿度条件,往往在病部溢出大量细菌的黏液,并形成菌脓、菌痂,同时伴有恶臭的气味。这是细菌性病害的重要标志,可作为田间鉴别的依据。

（四）植物病原细菌的侵染来源

（1）带菌的种子、种苗等繁殖材料　许多植物病原物细菌可以在种子或种苗内越冬、越夏,而且可以远距离传播。如柑橘溃疡病可在桔苗、橘树上越冬。

（2）病株残体　病原菌可以在病株残体上长期存活，是细菌病害重要的侵染来源。如：桃细菌性穿孔病可在桃残体上过冬。

（3）田边杂草、多年生寄主和其他寄主。

（4）带菌土壤　病原细菌在土壤中单独存活的时间非常短，在土壤中的作物残余上可存活较长时间。

（5）昆虫　玉米细菌性萎蔫在玉米跳甲上越冬。

（五）植物病原细菌的传播途径及侵入途径

在田间的近距离传播主要通过雨水、灌溉流水、风夹雨、介体昆虫、线虫等。许多植物病原细菌还可以通过人的农事操作在田间传播，如马铃薯环腐病主要通过切刀传播。远距离传播通过种苗及其他繁殖材料的引种，由种子、种苗等繁殖材料传播，主要通过人的商业、生产和科技交流等活动而远距离传播。

植物病原细菌不能直接侵入，只能通过伤口或植物表面的自然孔口，如：气孔、水孔、皮孔和蜜腺等侵入。如：黄瓜细菌性角斑病。

（六）植物病原细菌病害的防治

①严格执行检疫制度，禁止从病区引入带菌的种子和苗木，对国内防止检疫对象扩大疫区。

②建立无病留种地，培育无病种苗，对于土壤传播的病害和重病地区，实行轮作，进行土壤消毒，及时拔除病株，病穴可撒施石灰及其他杀菌剂。

③消灭和杜绝病菌的初次侵染来源，选用抗病或无病的繁殖材料，用热水处理或药剂消毒，同时及时清除作物病残体等。

④利用抗病品种、采取轮作、高垄种植等防病栽培措施。

⑤防治介体昆虫，利用细菌噬菌体作种子带菌检验。

⑥加强田间病害流行的预测预报工作适当进行化学防治。

三、植物病原病毒

病毒分布很广，几乎各类植物都被病毒侵染。病毒危害大，多数引起全株性发病。植物病毒病害，就目前其数量及为害植物来看，仅次于真菌而比细菌更严重。病毒是包被在蛋白或脂蛋白保护性衣壳中，只能在适合的寄主细胞内完成自身复制的一个或多个基因组的核酸分子，又称为分子寄生物。寄生植物的称植物病毒，寄生动物的称动物病毒，寄生细胞的称噬菌体。病毒区别于其他生物的主要特征是：①病毒是个体微小的分子寄生物，其结构简单，主要是由核酸及保护性蛋白衣壳组成；②病毒是专性寄生物，其核酸复制和蛋白质合成需要寄主提供原材料和场所。

（一）病毒的一般性状

1. 植物病毒的形态

植物病毒粒体很小，需借助电子显微镜才能观察到。多数植物病毒粒体为球状、杆状或线条状，少数弹状、多面体状。球形病毒的直径大多在 $20\sim35$ nm，少数可达到 $70\sim80$ nm；杆状病毒多为 $(20\sim80)$ nm $\times(100\sim250)$ nm，两端平齐；少数两端钝圆。线状病毒多为 $(11\sim13)$ nm $\times750$ nm，个别可达 $2\,000$ nm 以上。

2.植物病毒的结构

大多数病毒粒体都只是由核酸和蛋白衣壳组成,植物弹状病毒粒体外面有囊膜包被。杆状或线状植物病毒粒体的中间是螺旋状的核酸链,外面是蛋白质衣壳(图 2-37),杆状或线状植物病毒粒体的中心是空的。各种病毒所含核酸的和蛋白质的比例虽不同,但一般蛋白质约占病毒颗粒重量的60%～95%,核酸占 5%～10%。病毒粒体还含有水分、矿物元素,有些还含有脂类和多胺物质。

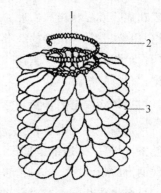

图 2-37　烟草花叶病毒结构示意图
1.核心　2.核酸　3.蛋白质亚基

3.植物病毒的增殖

植物病毒作为一种分子寄生物,不像真菌那样具有复杂的繁殖器官,也不像细菌那样进行裂殖生长,而是在寄主活细胞内利用寄主的合成系统、原料和能量,分别合成核酸和蛋白组装成子代粒体。这种特殊的繁殖方式称为复制增殖。

4.植物病毒在活体外的稳定性

病毒在活体外有一定的稳定性,但不同的病毒对外界环境影响的稳定性不同。这种特性,可用作鉴定病毒的依据之一。

失毒温度:失毒温度也称钝化温度,是指把带毒的植物汁液放在不同温度下处理 10 min,使病毒失去侵染力的处理温度,称为该病毒的失毒温度。大多数植物病毒的失毒温度在 55～70℃,烟草花叶病毒的失毒温度为 90～93℃。

稀释限点:也称稀释终点把带毒的植物汁液用水稀释,超过一定限度时,便失去传染力,这个最大稀释度称为稀释限点。如:烟草花叶病毒的稀释限点为 1 000～10 000 倍。

体外保毒期:体外保毒期也称体外存活期,是指带毒的植物汁液在室温(20～22℃)下能保存其传染力的最长时间。多数病毒的体外保毒期在几天至数月,烟草花叶病毒的体外保毒期为 1 年以上。

(二)植物病毒病症状

病毒粒体在植物体内不断增殖,引起植物生理过程紊乱,破坏植物的正常生长发育,最终表现病害症状。植物病毒只有明显的病状而无病征。植物受病毒侵染后在细胞组织中会形成内含体,在光学显微镜下可以看到。植物外部病状常表现以下几种:

1.变色

由叶绿素受阻引起。常见花叶、黄化、斑驳和脉明四种。如黄瓜花叶病、烟草花叶病等。

2.坏死

寄主表现出枯斑或组织、器官坏死,主要是寄主对病毒侵染过后的过敏性反应。常见枯斑、脉坏死、环斑和生长点坏死四种。如马铃薯脉坏死病等。

3.畸形

植物感染病毒后,表现的各种反常的生长现象,如卷叶、皱叶、蕨叶、丛枝、减生型矮缩、肿瘤和发根等。如番茄病毒病等。

病毒病的病状常因寄主、品种、环境条件和发病时期不同而有所变化。病毒在植物体内增殖扩散,但不引起明显的症状表现的现象称为"潜伏侵染"。有些植株被病毒侵染后,由于环境条件不适宜而不表现症状或症状出现后又消失的现象,叫做"隐症现象"。当环境条件适宜后,才表现症状或症状再次出现。一种植物受多种病毒或一种病毒不同株系同时侵染的现象称为"复合侵染"。复合侵染的病毒在植株体内会发生相互作用,复合侵染后,引起的病害症状比两种病毒单独侵染更为严重,称"协生作用"。两种病毒混合侵染后,只表现先侵染病毒症状的现象称"交互保护作用"。

(三)植物病毒的传播和侵染

病毒是专性寄生物,无主动侵染的能力,多借外部动力或通过微伤口入侵。病毒不能穿透细胞壁,但可以穿透细胞膜,因此必须通过微伤口侵入。病毒进入寄主的输导组织后,在强大的代谢流的带动下,迅速扩展,因此病毒的传播和侵染是同时完成的。它的传播途径有:

1.介体传播

传播园林植物病毒的介体最重要的是昆虫,其次是线虫、螨类、真菌,还有菟丝子。昆虫介体中主要有蚜虫、叶蝉、飞虱、粉蚧、蓟马等。除上述多种刺吸口器昆虫外,有些叶甲、蝗虫及蠼螋等咀嚼口器的昆虫也是植物病毒的传播者。介体生物的种类在植物病毒的鉴定上具有重要意义。

此外,传播植物病毒的还有线虫、菟丝子、螨类和真菌等介体。

2.无性繁殖材料传播

由于病毒是系统侵染,被感染的植株各部位(除茎尖生长点外)都含有病毒,用感染病毒的鳞茎、环茎、根系、插条繁殖,产生的新植株体内仍带有病毒。由于茎尖生长点无病毒,因此,可以利用切除茎尖生长点组织培养法获得无毒的种苗。此外,病毒可随着无性材料的栽培和贸易活动传到各地。

3.嫁接

所有病毒均可以通过接穗和砧木传播病毒。如牡丹曲叶病毒通过接种和砧木带毒,经嫁接传播。

4.机械传播(也称汁液传播)

通过病、健株枝叶接触时相互摩擦或人为的接触摩擦(如人工移苗、整枝、打杈等农事操作)而产生轻微伤口,病株的汁液通过微伤口进入健株体内。接触过病株的手、工具也能将病毒传染给健株,所以也称汁液传播。如黄瓜花叶病、番茄病毒病等。

5.种子和花粉传播

少数病毒可进入种子和花粉。多数作物种子不能传播病毒,但豆科、葫芦科和菊科等植物上的某些病毒可以通过种子传播。能由种子传播的病毒以花叶病毒、环斑病毒为多。花粉也可以传播病毒,但花粉在自然界中的传毒作用并不重要。

(四)病毒病的防治

病毒是细胞内的寄生物,化学防治效果不佳,因此目前生产上尚无对病毒有效的药剂,但发现有些药剂可减轻症状。如金属盐类、磺胺酸、嘌呤及嘧啶、维生素、植物生长素和抗生素等,对一些植物病毒有钝化作用。目前对病毒病的防治主要采用以下措施:

①加强检疫,控制病害的扩展和蔓延。

②选择无毒植株作繁殖材料。切花时,对刀剪应加热消毒或用洗剂洗净后使用。同时可选用人工脱毒苗木。

③选用抗病品种,加强田间管理,培育无毒壮苗。实行轮作、深翻改土,结合深翻,土壤喷

施"免深耕"调理剂,增施有机肥料、磷钾肥、微肥和生物菌肥,适量施用氮肥,改善土壤结构,提高保肥保水性能,使根系发达,促进植株健壮。发现少量病株立即拔除,铲除病原,防止相互传染。

④物理治疗。包括热力、辐射能及超声波等。热处理治疗是根据病毒的致死温度,对块根、块茎、插条等带毒材料热处理,杀死病毒,使带毒材料脱毒。如用 50℃ 温水浸 10 min,可消灭种子内的病毒。

⑤种子消毒。种子用 10% 磷酸三钠或 500 倍高锰酸钾药液消毒;或用干热法对种子消毒(把种子充分晒干,使其含水量降至 8% 以下,后置于恒温箱内,在 72℃ 条件下处理 72 h),杀死种子所带病毒。

⑥消灭和控制传播介体。

⑦化学防治。

(五)类病毒

类病毒是一种独立存在于细胞内具有极高侵染性的低分子量的核酸,是最简单、最小的一类侵染性病原。结构上无蛋白质外壳,只有低分子量的核糖核酸。分子量只有 $1×10^5$ u 左右,最简单的类病毒分子量只有 $1×10^7$ u。类病毒进入寄主细胞内对寄主细胞的破坏和自行复制的特点与病毒相似。通常为全株性带毒,感病植株茎尖生长点的分生组织里也含有类病毒,所以不能利用茎尖生长点组织培养法获得无类病毒的繁殖材料。种子带毒率高,此外还可通过无性繁殖材料和汁液接触传染。

类病毒引起的病害症状主要有:植株矮化、叶片黄化、坏死、畸形、裂皮、斑驳等。但寄主感染类病毒后多隐症带毒,许多不表现症状。目前已发现的类病毒病害有:菊花矮缩病、菊花褪绿斑驳病、柑橘裂皮病和葡萄黄点病等。

防治以预防为主,包括弱毒疫苗的应用和冷处理等技术措施。

四、植物病原线虫

线虫(nematode)又称蠕虫,是一种低等的无脊椎动物,属于无脊椎动物门线虫纲。在数量和种类上仅次于昆虫,居动物界第二位。它对全世界农业生产有很大影响,每年造成上千亿美元的损失。我国已报道的植物寄生线虫 5 700 多种。线虫通常生活在土壤、淡水、海水中,其中很多能寄生在人、动物和植物体内,引起病害。危害植物的称为植物病原线虫或植物寄生线虫,简称植物病原线虫。它的为害除直接吸取植物体内的养分外,还分泌激素性物质或毒素,引起寄主生理机能的破坏,使植物发生病变,故称"线虫病"。我国重要的线虫病有马铃薯金线虫、瓜类根线虫、根瘤线虫病等。此外,有些线虫还能传播真菌、细菌和病毒,促进它们对植物的危害。

(一)线虫的形态

植物寄生线虫一般是圆筒状,两端尖。体形细小,长为 0.3～1 mm,也有的长达 4 mm 左右的,宽为 0.01～0.05 mm 左右。线虫的体形因类别而异:雌雄同形的线虫其成熟雌虫和雄虫均为蠕虫形,除生殖器官有差别之外,其他的形态结构都相似。雌雄异形的线虫其成熟雄虫为蠕虫形,而雌虫球形、柠檬形或肾形(图 2-38)。

许多植物病原线虫由于很细,虫体多半透明,不分节,虫体结构简单,从外向内可分体壁和体腔两部分,体壁的最外层为不透水的角质膜,具有韧性的蛋白质层,表面光滑或有各种纹饰和沟纹。一般无色透明,内部器官清晰可见。

线虫从前到后可分为头、颈、腹、尾 4 个体段。头部有唇、口腔、吻针和侧器等器官。线虫体腔内有发达的消化器官,通常为一直通圆管,由口腔、食道、消化道、直肠和肛门组成。线虫的口腔内都有口针,是线虫侵入寄主植物体内并获取营养的工具。口腔下是很细的食道,食道的后端是唾液腺,可分泌消化液。尾部有尾腺、肛门。线虫的生殖器官发达,1 条线虫一生中可产卵 500～3 000 个。线虫的神经系统较简单,排泄器官只有在虫体末端有一排泄孔,无呼吸和循环系统。

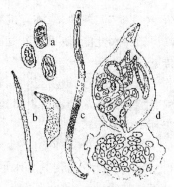

图 2-38　植物病原线虫形态图
a.卵　b.幼虫　c.雄成虫　d.雌虫

(二)植物病原线虫的生活史及习性

植物病原线虫的生活史包括卵、幼虫和成虫 3 个阶段。植物病原线虫一般为两性交配生殖,也可以孤雌生殖。成虫经交配后,雄虫即死亡,雌虫在土壤或植物组织内产卵。卵通常为椭圆形,孵化后即为幼虫。幼虫一般有 4 个龄期,2 龄幼虫为侵染幼虫。幼虫阶段雌雄不易分辨,发育成成虫,方能辨别雌雄。在环境条件适宜的情况下,线虫完成一个世代一般只需要 3～4 个星期的时间,如条件不适则需要时间稍长一些。不同线虫种类其发育最适温度不同,但一般在 15～30℃之间均能发育。在 40～50℃的热水中 10 min,即可杀死。线虫在一个生长季节里大都可以发生若干代,少数 1 年只完成 1 代,发生的代数因线虫种类、环境条件和危害方式而不同。

线虫大多数在土壤里生活,多寄生于植物的根部或地下茎,少数寄生于地上部。活动状态的线虫长时间暴露在干燥的空气中,线虫将很快死亡。植物病原线虫都是专性寄生物,只能在活的植物细胞或组织内取食和繁殖,在植物体外就依靠它体内储存的养分生活或休眠。有的线虫虫体全部在植物体内,称为内寄生;有的线虫则在植物体外,只是头部刺穿植物取食,称为外寄生;还有的线虫早期是外寄生,后期是内寄生。

(三)植物病原线虫的主要类群

线虫门属动物界,根据侧尾腺口的有无分为侧尾腺口纲和无侧尾腺口纲。估计全世界有线虫 50 多万种,植物线虫有 260 多属,5 700 多种。其中与园艺植物关系密切的主要有:

(1)茎线虫属(*Ditylenchus*)　侧尾腺口纲垫刃目。雌雄均为蠕虫形,雌虫和雄虫尾为长锥状,末端尖锐,侧线 4 条,交合伞不包至尾尖。为害茎、块茎、球茎、鳞茎或叶片。如:番茄腐烂茎线虫病等。

(2)根结线虫属(*Meloidogyne*)　侧尾腺口纲垫刃目。雌雄异形,雌虫成熟后膨大成梨形。雄虫蠕虫形,尾短,无交合伞,交合刺粗壮。为害根部形成根瘤,须根少,严重时整个根系肿胀成鸡爪状。如:黄瓜根结线虫等。

(四)植物病原线虫的致病作用

植物病原线虫对植物的为害,不仅是用吻针刺伤寄主,或虫体在植物组织内穿行所造成的机械损伤,主要的是线虫食道腺分泌的唾液,其中含有各种酶和其他致病物质,引起植物产生一系列的病理变化。植物地上部的症状有顶芽和花芽坏死、茎叶卷曲或组织的坏死、形成叶瘿或种瘿等;根部受害的症状,有的生长点被破坏而停止生长或卷曲,根上形成肿瘤、根结、丛根等畸形,造成根部组织的坏死和腐烂等;多肉地下根或茎受害后,组织先坏死,以后由于其他微生物的侵染而腐烂。根部受害后,地上部的生长受到影响,表现为植株矮小,色泽失常和早衰等症状,严重时整株枯死。线虫还可以传播病毒病。如剑线虫可以传播葡萄扇叶病毒。

(五)植物病原线虫的侵染特点及传播

线虫主要从植物表面的自然孔口(气孔和皮孔)侵入和在根尖的幼嫩部分直接穿刺侵入,也可从伤口和裂口侵入植物组织内。植物病原线虫通过头部的感觉器官接受植物根分泌物的刺激,并且朝根的方向运动,一旦与寄主组织接触,即以口针刺穿植物组织并侵入。线虫体型微小,自身运动靠体躯蠕动完成,不定向呈波浪形,速度很慢。活动范围一般在 30 cm 左右。近距离传播主要通过土壤、人、畜活动和农具等。远距离传播主要依靠种苗调运、肥料、农具及水流等。

(六)植物线虫病的防治

①植物检疫。为防止检疫性线虫病在国内扩大或由国外传入我国,在引种和调运花木、树苗的过程中,要加强植物检疫,严禁将带虫种苗输出或输入无虫区。

②选用抗耐病品种是经济有效的方法。

③轮作、间作和施肥。根据线虫的寄主范围,选择合适的轮作作物。条件适宜可以采用水旱轮作。同时施用有机肥能相对的抑制根结线虫、异皮线虫及短体线虫的侵染及繁殖。

④物理防治。盛夏耕翻土壤,线虫经暴晒而死。对于温室作物可以采用挖沟起垄,加入生石灰灌水,覆地膜和密闭大棚的办法,使线虫因热力和缺氧而死。对于球茎、鳞茎、根等繁殖材料可以选择用热水处理的办法,水温和时间根据材料选择。如水仙鳞茎在 43.3℃的温水中处理 15 min 即可。

⑤生物防治。青霉菌,芽孢杆菌等。

⑥化学防治。发现有根结线虫的植株可采取根围土壤施药及药液浸根等。常用的如:必速灭(棉隆)、益舒宝、溴甲烷等。

五、寄生性植物

植物大多数都是自养的,它们有叶绿素或其他色素,借光合作用合成自身所需的有机物。少数植物由于根系或叶片退化或缺乏足够的叶绿素而不能自己制造营养,必须从其他植物上获取营养物质而营寄生生活,称为寄生性植物,也称寄生性种子植物。

(一)寄生性植物的一般性状

1.寄生性

寄生性植物从寄主植物上获得生活物质的方式和成分各有不同。按寄生物对寄主的依赖程度或获取寄主营养成分不同可分为全寄生和半寄生两类。

全寄生是指寄生性植物从寄主植物上获取它自身需要的所有生活物质,如:水分、无机盐和有机物质,如菟丝子和列当等。它们的叶片退化,叶绿素消失,根系也退变成吸根,吸根中的导管和筛管分别与寄主植物的导管和筛管相连,并不断从寄主吸取各种营养物质。它们有粗壮或发达的茎和花,能结出大量的种子,对寄主植物损害比较严重,常导致植株提早枯死。

寄生物如槲寄生和桑寄生等,自身有叶绿素,可以制造营养,只是依靠寄主提供水分和无机盐,这种寄生方式称为半寄生,俗称"水寄生"。它们能够进行光合作用来合成有机物质,但由于缺乏根系而需要从寄主植物中吸取水分和无机盐,其导管与寄主植物的导管相连。

按寄生部位不同可将寄生性植物分为根寄生和茎(叶)寄生。列当等寄生在寄主植物的根部,在地上部与寄主彼此分离,称为根寄生;菟丝子、槲寄生等在寄主的茎秆枝条或叶片上,两者紧紧地结合在一起,这类称茎(叶)寄生。

2.致病性

寄生性植物都有一定的致病性,致病力因种类而异。寄生性植物对寄主植物的致病作用主要表现为对营养物质的争夺,一般半寄生类的桑寄生、槲寄生对寄主的致病力较全寄生的列当和菟丝子要弱,全寄生可引起寄主植物黄化和生长衰弱,严重时造成寄主植物大片死亡,对产量影响极大;半寄生植物的寄主大多为木本植物,寄生初期对寄主生长无明显影响,当寄生植物群体较大时会造成寄主生长不良和早衰,有时也会造成寄主死亡。有些寄生性植物还可传播植物病毒。

3.繁殖和传播

寄生性种子植物靠种子繁殖,但传播的动力和传播方式有很大的差异。一种为被动传播方式,其种子主要依靠风力或鸟类传播,有时则与寄主种子一起通过调运传播;另一种为主动传播方式,当寄生性植物的种子成熟时,果实吸水膨胀开裂,将种子弹射出去。

(二)寄生性植物的主要类群

营寄生生活的植物种类,大约有 2 500 种,在分类学上主要是属于被子植物门,重要的有菟丝子科、桑寄生科、列当科、玄参科等。其中桑寄生科为最多,约占一半左右。

1.菟丝子

约有 170 种,广泛分布于世界暖温带地区。我国有 10 多种,各地均有分布。菟丝子(图 2-39)为一年生攀缘草本植物,无根和叶,有些叶退化成鳞片状,茎黄色细丝,呈旋卷状,用以缠绕寄主,从与寄主接触处长出吸盘,侵入寄主组织。无叶绿素。花小,白色、黄色或粉红色,多半排列成球形花序。蒴果扁圆形,内有种子 2～4 枚。种子很小,卵圆形,稍扁,种胚无子叶和胚根,黄褐色至黑褐色。

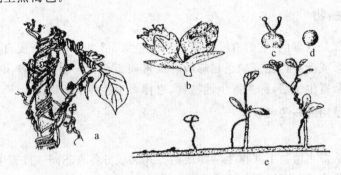

图 2-39　菟丝子

a.大豆上的菟丝子　b.花　c.子房　d.种子　e.菟丝子种子萌发及侵染寄主过程示意图

菟丝子寄生于植物的茎部,被害植物发育不良,甚至萎黄枯死。我国常见的有中国菟丝子和日本菟丝子,中国菟丝子主要为害草本植物,还寄生菊科、藜科等植物。常为害串红、翠菊、地肤、美女樱、扶桑等多种观赏植物。日本菟丝子主要寄生木本植物上,常为害杜鹃、山茶花、木槿、紫丁香、银杏、垂柳等多种花灌木和绿化树种。此外还有多种菟丝子为害玫瑰、榆树、鸡冠花等。

菟丝子的种子差不多和寄主植物的种子同时成熟,成熟后落入土壤中或脱粒时混在作物的种子中,是第二年菟丝子的主要初侵染源。菟丝子种子的生活力很强,在未经腐熟的粪肥中的菟丝子有发芽力,所以粪肥也是菟丝子的初侵染源之一。

2. 列当

列当(图 2-40)为全寄生型的根寄生草本植物,大多数寄生性较专化,有固定的寄主,少数较广泛。无真正的根,只有吸盘吸附在寄主的根表,以短须状次生吸器与寄主根部的维管束相连,以肉质嫩茎直立地伸出地面,偶有分枝,叶片退化成小鳞片状,无柄,无叶绿素,退化叶片呈螺旋状排列在茎上。两性花,白色或紫红色,也有米黄色和蓝紫色等。寄主多为草本,以豆科、菊科、葫芦科植物为主,借昆虫传播。

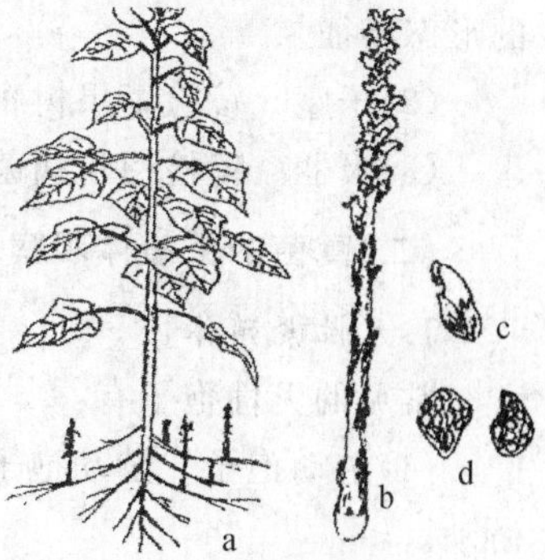

图 2-40 列当
a.向日葵根部受害状
b.列当的花序 c.花 d.种子

(三)寄生性植物的防除

①加强检疫。

②减少侵染来源,彻底清除寄生物的种子和植株 播种前清除杂在种子中的寄生性植物种子或冬季进行深耕将寄生性植物种子深埋到土层中,使其不能发芽。生长季发现寄生性植物及时清除或在寄生性植物开花前将其割除。

③药剂防治。可用五氯酚钠、"鲁保一号"或利用寄生菟丝子的炭疽病菌制成的生防菌剂防治菟丝子。

④轮作。如防菟丝子可与禾本科作物轮作。列当轮作需 7~8 年以上。

⑤砍除被害枝或拔除被害植物。

【任务实施】

一、训练材料和用具

(1)材料 根霉菌、瓜果腐霉菌、立枯丝核菌的纯培养菌落及有关的玻片标本。黄瓜霜霉病、黄瓜白粉病、番茄灰霉病、番茄早疫病、黄瓜黑星病、黄瓜病毒病、豇豆锈病、菜豆锈病、白菜软腐病等病害标本。

(2)用具 显微镜、挑针、载玻片、盖玻片、蒸馏水、培养皿、镊子等。

二、任务实施步骤

(一)真菌的营养体观察

1. 菌丝和菌丝体

(1)无隔菌丝 观察根霉菌、瓜果腐霉的菌丝。用解剖针挑取少许培养基上生长的疏松的棉丝状菌丝体,制成玻片,显微镜下观察无隔菌丝的形态特征。也可以直接观察无隔菌丝玻片。

(2)有隔菌丝 挑取少许立枯丝核菌的菌丝体制成玻片,镜下观察有隔菌丝的形态特征。也可以直接观察有隔菌丝玻片。

(3)观察菌落 观察各种病原真菌在平面和斜面培养基上形成的菌落,注意菌落大小、形状、厚薄、质地、颜色等形态特点。

2.菌丝组织体及变态

(1)菌核　菌核外层为拟薄壁组织,内层为疏丝组织。观察茎腐病菌核玻片标本观察切片的形态特征。

(2)子座　镜检苹果树腐烂病菌所形成的子座切片,注意子座形状,着生部位。

(3)吸器　镜检白粉病菌吸器,注意吸器的形状及其形成的部位。

(二)真菌的繁殖体观察

1.无性繁殖体

常见的无性孢子有:

(1)游动孢子　游动孢子为鞭毛菌亚门真菌特有的无性孢子,产生在孢子囊内、具鞭毛,能游动。

制片镜检用线麻粒诱发的绵霉和水霉的游动孢子囊和游动孢子,镜检番茄晚疫病菌的游动孢囊梗、游动孢子囊和游动孢子。

(2)孢囊孢子　孢囊孢子为接合菌亚门真菌特有的无性孢子,生成方式和游动孢子相似,但无鞭毛,不能游动。

挑取根霉制片(或取制备片)镜检孢子囊梗,孢子囊和孢囊孢子,注意观察孢子囊的形态及其着生位置及孢囊孢子的形态,颜色和产生的数目。

(3)厚壁孢子　镜检厚壁孢子制备片,菌丝中或孢子中个别细胞膨大、细胞壁加厚的孢子即厚垣孢子。观察镰孢菌的厚垣孢子玻片。

(4)分生孢子　子囊菌亚门真菌和大部分半知菌亚门真菌都产生分生孢子,分生孢子外生在分生孢子梗上,形状、大小、颜色不一,单生,链生或集生,有的产生在分生孢子盘上或分生孢子器内。

观察交链孢属、青霉菌玻片。取苹果灰斑病制片镜检分生孢子器,注意分生孢子的形状,细胞数目及着生情况。

2.有性繁殖体

(1)卵孢子　观察腐霉菌玻片,在藏卵器内形成卵孢子。

(2)接合孢子　镜检毛霉接合孢子制片,注意接合孢子的大小,形状,颜色及表现特点。

(3)子囊孢子　取黄瓜白粉病病叶,用解剖针将白粉上的小黑点(闭囊壳)仔细拨至载玻片上的水滴中,加盖片并轻轻压破闭囊壳,镜检闭囊壳、子囊、子囊孢子和附属丝的形态,特别注意子囊的数目和附属丝的特点。

(4)担孢子　观察担子菌切片,在子实体中有棒状的担子,每个担子顶端有 4 个小柄,每个小柄上生有 1 个担孢子。

(三)真菌分类观察

1.鞭毛菌亚门

(1)腐霉属(*Pythium*)　从腐霉菌纯培养菌落中挑起少许菌丝,制片,镜检,观察其菌丝、游动孢子囊、游动孢子及卵孢子形态特点。

(2)疫霉属(*Phytophthora*)　取疫霉属玻片标本观察其菌丝、游动孢子囊、游动孢子及卵孢子形态特点。并注意与腐霉属的区别。

（3）霜霉属（*Peronospora*）　取霜霉属玻片标本观察其孢囊梗分枝方式、游动孢子囊及卵孢子形态特点。

（4）单轴霜霉属（*Plasmopara*）　从葡萄霜霉病病部挑起菌丝少许，制片，镜检，观察其孢囊梗分枝方式、游动孢子囊及卵孢子形态特点。

2. 接合菌亚门

根霉属（*Rhizopus*）　从根霉菌纯培养菌落中挑起少许菌丝，制片，镜检，观察其假根、菌丝、孢囊梗、孢子囊及孢囊孢子的着生方式与形态特点。

3. 子囊菌亚门

（1）外囊菌属（*Taphrina*）　取桃缩叶病菌的玻片标本观察其子囊的形态与着生方式以及子囊孢子的形态特点。

（2）球针壳属（*Phyllactinia*）　从桑或梨白粉病病部挑起病原少许，制片镜检。观察其菌丝、闭囊壳、附属丝、子囊，子囊孢子的形态特点。

（3）单丝壳属（*Sphaerotheca*）　从黄瓜、南瓜、西葫芦白粉病的病部取病原少许，制片，镜检。观察其菌丝、闭囊壳、附属丝、子囊，子囊孢子的形态特点。

（4）钩丝壳属（*Uncinula*）　从槐树或葡萄白粉病病部挑取病原少许，制片，镜检。观察其菌丝、闭囊壳、附属丝、子囊，子囊孢子的形态特点。

（5）核盘菌属（*Sclerotinia*）　取核盘菌属的玻片标本，观察其子囊盘、子囊、侧丝和子囊孢子的形态特点。

4. 担子菌亚门

（1）柄锈菌属（*Puccinia*）　取柄锈菌属玻片观察其冬孢子堆、冬孢子、夏孢子堆、夏孢子、性孢子、锈孢子的形态特点。

（2）单胞锈菌属（*Uromyces*）　从菜豆锈病或葱锈病的病叶挑取少许病原，制片，镜检。观察锈孢子的形态特点。

5. 半知菌亚门

（1）丝核菌属（*Rhizoctonia*）　从甘蓝、茄子、黄瓜立枯病的病组织挑起病原少许，制片，镜检。观察其菌丝的形态与分枝特点。

（2）镰孢菌属（*Fusarium*）　取菜豆根腐病、黄瓜枯萎病病株观察其分生孢子座着生方式、颜色。分生孢子有两种，大、小两型分生孢子的形态特点。

（3）粉孢属（*Oidium*）　从凤仙花白粉病病部挑起病原少许，制片，镜检。观察其分生孢子梗与分生孢子（粉孢子）的形态特点。

（4）链格孢属（*Alternaria*）　取葱紫斑、白菜、萝卜黑斑病病叶，制片，观察其分生孢子梗的形态，分生孢子的形态与着生方式。

（5）大茎点菌属（*Macrophoma*）　取大茎点菌属的玻片，观察其分生孢子器形态，分生孢子梗和分生孢子的形态特点。

（6）葡萄孢属（*Botrytis*）　取白菜、甘蓝、黄瓜灰霉标本，制片，观察其分生孢子梗的形态、分枝方式，分生孢子的形态与着生方式。

（7）炭疽菌属（*Colletotrichum*）　取炭疽菌属的玻片，观察其分生孢子盘的形态，有无刚毛、分生孢子梗和分生孢子的形态特点。

(四)病原细菌的观察

1. 细菌病害的溢脓现象

切取一块大小约0.5 cm见方的柑橘溃疡病或杉木细菌性叶斑病的病叶,放于滴有水滴的载玻片中央,1～3 min后,盖上另一块载玻片,然后对光慢慢挤压,观察切口处,若是细菌病害,切口处有浑浊液流出,或将材料放在显微镜下观察,切口处也可看到浑浊液溢出。也可剪掉病叶尖端,然后插在装有湿砂的烧杯中,经过一段时间后观察,剪口处有菌脓溢出。

2. 细菌的染色观察

(1)简单染色法

①涂片。在洁净的载玻片上加一小滴蒸馏水,用灭菌的移植环挑起少许菌,在水滴中充分混合。

②干燥。让涂片自然干燥,或微微加热促使其干燥。

③固定。将干燥的涂片在酒精灯火焰上,慢慢地通过2～3次。

④染色。在固定的涂片上涂上1滴石炭酸番红液,染色1～2 min。

⑤冲洗。用自来水或清水小心地冲洗玻片,直至冲下的水洁净无色为止。注意冲洗水流不宜过急、过大,水由玻片上端流下,避免直接冲在涂片处。冲洗后,将标本晾干。

⑥油镜观察。细菌的菌体较小,要用油镜才能观察到。油镜观察方法如下:加一滴香柏油于载玻片上,然后置于镜台上,油镜头移至油滴中,并与玻片稍微接触为止,然后将油镜头慢慢移上,调准焦点,即可观察,使用油镜时,镜台要保持水平,要防止油滴移动,光线应尽量调亮一些,油镜使用后要擦油镜头,可先用擦镜纸擦去镜头上的油,再用擦镜纸沾一些二甲苯擦洗镜头,最后用擦镜纸擦去镜头上剩余的二甲苯。

(2)革兰氏染色

革兰氏染色可把细菌分为阴性菌和阳性菌两大类,步骤如下:

①涂片、干燥及固定方法同简单染色法。所用材料为棒状杆菌和欧文氏杆菌。也可用菌脓制片。

②初染。加结晶紫或龙胆紫染色液,染色约1 min,然后倾去多余的染色液,水洗。

③媒染。滴加碘液冲去残水,并覆盖约1 min,水洗。

④脱色。将载玻片上的水甩净,用95%的酒精滴洗至流出的酒精刚刚不出现紫色为止,经20～30 s,并立即用水冲净酒精。

⑤复染。用番红染液复染1～2 min,水洗,让其自然干燥。

⑥油镜观察。革兰氏阳性菌呈紫色,革兰氏阴性菌呈红色。

各组相互观察,看不同细菌染色后形态有何区别。

(五)病毒内含体的染色观察

寄主细胞感染病毒以后,最突出的变化之一就是形成内含体,在光学显微镜下观察可见有不定形体和结晶体两种内含体,它们都是由大量的病毒颗粒组成的。

用镊子将一串红花叶病表皮或叶脉上的表皮撕下,置于载玻片上,加一滴碘液进行染色,在显微镜下观察,细胞核被染成鲜黄色,内含体被染成黄褐色,另用同样方法处理健康叶作为对照。

(六)病原线虫的观察

取根结线虫属玻片观察其雌、雄成虫的形态特点。

小组间相互讨论,识别观察到的线虫形态。

(七)寄生性植物观察

(1)菟丝子 取菟丝子玻片,观察吸盘侵入寄主后的特征。

(2)桑寄生 取桑寄生玻片,观察吸盘侵入寄主后的特征。

【任务考核】

每人拿到一种病害标本,挑取病原,制成玻片,找出病原,绘制病原形态图,说出病原名称。

任务考核单

序号	考核内容	考核标准	分值	得分
1	挑取病原、制片	能准确找到发病部位,挑取病原,正确制片。	30	
2	查找病原	能在显微镜下快速准确找到引起植物病害的病原物,无杂菌、气泡等干扰物。	20	
3	绘制病原	在报告单上正确绘制出病原形态图,简洁、准确。	30	
4	病原分类	根据绘画出的病原形态图,查找出引起植物病害的病原的分类地位,并写出病原名称。	20	

【归纳总结】

通过完成本次任务取得学习成果如下:

1.引起植物病害的病原有:植物病原真菌、植物病原细菌、植物病毒、类病毒、寄生性种子植物、植物病原线虫、类立克氏体等。

2.能正确分辨引起植物病害的病原属于哪类。

3.能正确分离引起植物病害的病原真菌。

4.能对植物病原细菌进行染色。

5.认识常见植物病原真菌产生的孢子形态。

【自我检测和评价】

一、填空

1.引起植物病害的病原主要有( )、( )、( )、( )、( )等。

2.高等真菌和低等真菌的区别是( )。

3.真菌有性孢子的类型有( )、( )、( )、( )、( )。

4.真菌无性孢子的类型有( )、( )、( )、( )、( )。

5.细菌革兰氏染色的步骤包括( )、( )、( )、( )、( )。

6.细菌的传播途径主要有( )、( )、( )等。

7.真菌的传播途径主要有( )、( )、( )等。

8.病毒主要通过( )侵染。

二、简答

1.真菌的营养体和繁殖是什么?简述它们的作用和类型。

2.什么叫做子实体?举出典型的子实体?

3.什么是有性繁殖？有性孢子有哪几种？

4.什么是无性繁殖？无性孢子有哪几种？

5.按照安斯沃思(Ainsworth)的真菌分类系统,将真菌门分为哪几个亚门,根据是什么？

6.简述真菌5个亚门的不同特点。

7.简答病毒、植物病原支原体及类病毒病害如何防治？

8.简述植物侵染性病害的诊断过程。

9.担子菌亚门的特征是什么？

10.子囊果有哪几种类型？各举重要属及病例。

11.什么是半知菌？半知菌亚门包括哪些类群的真菌？

12.半知菌的主要特征是什么？

13.半知菌与植物病害有关的主要目有哪些？（举一病例）

14.子囊菌的分类依据是什么？与园艺植物病害有关系的重要病原有哪些？各举一病例。

15.简述园艺植物细菌病害症状主要有哪几种类型？各举一例病害？

16.植物细菌病害的特点是什么？

17.寄生性种子植物有些是全寄生,有的是半寄生,它们有什么不同？举例说明？

【课外深化】

1.田间采集植物病害并进行病原分离

到田间采集发病的植物组织标本,并进行病原分离,在显微镜下观察,判断是否属于真菌,如果是真菌,则继续绘图识别。

2.知识链接

由微生物引起的植物病害具有重要的生态学及重大的经济意义。能寄生于植物的病毒、细菌、真菌和原生动物都属于植物病原微生物。在轻微条件下它们只引起植物生长的失调并降低其在生态环境中的生活和竞争能力;严重时则会导致植物死亡、大幅度减产和饥荒。病原微生物与植物的相互关系有一定的专一性。不同病原菌的寄主范围宽窄不同,有些病原菌只危害一种或少数几种植物,另一些病原菌的专一性较低,它们常能寄生于多种不同的植物。有些病原菌除了寄生以外,在没有适合的寄主时,还能营腐生生活,它们属于兼性寄生的类群。在植物体内大量发展的病原菌通过各种途径干扰植物的正常功能并引起病害的典型症状。例如,植物叶组织坏死造成叶斑;果胶酶和纤维素酶可使植物组织和细胞解体造成溃疡和腐烂;气孔或输导组织被病菌侵染后可导致萎蔫和枯萎;叶绿素合成代谢的破坏则造成植株缺绿;病原菌产生的吲哚乙酸等生长素类物质可使局部组织细胞过度增生而产生畸形、树瘿等特殊形态。植物一旦受到病原微生物的危害之后常常会给某些条件致病菌造成侵染的机会,两类微生物的双重侵染又进一步加重了对植物的损害。植物病害对农业、林业及畜牧业的发展造成了重大的威胁,严重时甚至会影响到一种作物在某一特定地区种植的可能性,在病害高发区种植的作物产量极低甚至会颗粒无收。

任务三 诊断园艺植物病害

【知识点】了解植物病害种类及发病特征,掌握主要病害的诊断方法和步骤。

【能力点】能对生产上常发生的园艺植物病害进行诊断。

【任务提出】

前两次任务中,我们学习到了植物病害的症状和引起植物病害的病原,学习了这些,我们就能诊断植物病害了吗?

【任务分析】

对植物病害进行诊断,不仅要掌握植物病害的症状,了解植物病原的形态特征,更要掌握植物病害诊断的步骤及相关知识,让我们一起学习吧!

【相关专业知识】

一、植物病害的诊断步骤

植物病害的诊断一般有 4 个步骤:

1.田间诊断

田间诊断就是现场观察,根据症状特点,区别是虫害、伤害还是病害,进一步区别是非浸染性病害还是侵染性病害。虫害、伤害没有病理变化过程,而侵染性病害却有病理变化过程。注意调查和了解病株在田间的分布,病害的发生与气候、地形、地势、土质、肥水、农药等环境条件、栽培管理的关系。

2.症状观察

症状观察是首要的诊断依据,虽然比较简易,但须在比较熟悉病害的基础上才能进行。诊断的准确性取决于症状的典型性和诊断人的实践经验。

观察症状时,注意是点发性病状还是散发性病状,是坏死性病变、刺激性病变,还是抑制性病变,病斑的部位、大小、长短、色泽和气味,病部组织的质地等不正常的特点。许多病害有明显病征,当出现病征时就能确诊。有些病害外表看不见病征,但只要认识其典型病状也能确诊,如病毒病。

3.室内鉴定

许多病害单凭症状不能确诊。因为不同的病原可产生相似症状,病害的症状也可因寄主和环境条件而变化,因此有时须进行室内病原鉴定才能确诊。

一般说来,病原室内鉴定是借助扩大镜、显微镜、电子显微镜、保湿保温器械设备等,根据不同病原的特点,采取不同手段,进一步观察病原物的形态、特征特性、生理生化等。新病害还须请分类专家确诊病原。

4.病原分离培养和接种

有些病害在病部表面不一定能找到病原物,同时,即使检查到微生物,也可能是组织死亡后长出的腐生物,因此,病原物的分离培养和接种是植物病害诊断中最科学最可靠的方法。采用柯赫氏法则进行。

二、侵染性病害的诊断

植物侵染性病害中,除了病毒、类病毒、类菌原体、类立次氏体等引起的病害没有病征外,真菌、细菌及寄生性种子植物等引起的病害,既有病状又有病征。但是不论哪种病原引起的病害,都具传染性。栽培条件改善后,病害也难以恢复。

1. 真菌性病害的诊断

真菌性病害的被害部位迟早都产生各种病征,如各种色泽的霉状物、粉状物、绵毛状物、小黑点(粒)、菌核、菌索、伞状物等。因此诊断时,可用扩大镜观察病部霉状物或经保温保湿使霉状物重新长出后制成临时装片,置于显微镜下观察。

2. 细菌性病害的诊断

植物细菌病害的症状有斑点、条斑、溃疡、萎蔫、腐烂、畸形等。症状共同的特点是病状多表现急性坏死型,病斑初期呈半透明水渍状,边缘常有褪绿的黄晕圈。气候潮湿时,从病部的气孔、水孔、皮孔及伤口处溢出黏稠状菌脓,干后呈胶粒状或胶膜状。植物细菌病害单凭症状诊断是不够的,往往还需要检查病组织中是否有细菌存在,最简单的方法是用显微镜检查有无溢菌现象等。诊断新的或疑难的细菌病害,必须进行分离培养、生理生化和接种试验等才能确定病原。

3. 病毒病害的诊断

植物病毒病多为系统性发病,少数局部性发病。病毒病的特点是有病状没有病征,多呈花叶、黄化、畸形、坏死等。病状以叶片和幼嫩的枝梢表现最明显。病株常从个别分枝或植株顶端开始,逐渐扩展到植株其他部分。此外还有如下特点:

①田间病株多是分散、零星发生,没有规律性,病株周围往往发现完全健康的植株。

②有些病毒是接触传染的,在田间分布比较集中。

③不少病毒病靠媒介昆虫传播。若靠活动力弱的昆虫传播,病株在田间的分布就比较集中。若初侵染来源是野生寄主上的虫媒,在田边、沟边的植株发病比较严重,田中间的较轻。

④病毒病的发生往往与传毒虫媒活动有关系。田间害虫发生严重,病毒病也严重。

⑤病毒病往往随气温变化有隐症现象,但不能恢复正常状态。

根据以上特点观察比较后,必要时可采用汁液摩擦接种、嫁接传染或昆虫传毒等接种试验,有的还用不带毒的菟丝子作桥梁传染,少数病毒病可用病株种子传染,以证实其传染性,这些是诊断病毒病的常用方法。确定病毒病后,要进行寄主范围、物理特性、血清反应等试验,以确定病毒的种类。

4. 线虫病害的诊断

线虫多数引起植物地下部发病,受害植株大都表现缓慢的衰退症状,很少急性发病,发病初期不易发现。通常是病部产生虫瘿、肿瘤、茎叶畸形、扭曲、叶尖干枯、须根丛生及植株生长衰弱,似营养缺乏症状。此外,可将虫瘿或肿瘤切开,挑出线虫制片或做成病组织切片镜检。有些线虫不产生虫瘿和根结,从病部也比较难看到虫体,就需要采用漏斗分离法或叶片染色法检查,根据线虫的形态特征,寄主范围等确定分类地位。必要时可用虫瘿、病株种子、病田土壤等进行人工接种。

5. 寄生性种子植物的诊断

不论是全寄生还是半寄生,均与寄主植物有显著的形态区别。

【任务实施】

一、训练材料和用具

(1)材料　黄瓜枯萎病、黄瓜霜霉病、黄瓜角斑病、黄瓜病毒病、菜豆锈病、葱紫斑病、葱霜霉病、番茄叶霉病、番茄灰霉病、大豆菟丝子、列当、大豆根结线虫病、大豆病毒病等病害标本。

（2）用具　显微镜、挑针、载玻片、盖玻片、蒸馏水、培养皿、镊子等。

二、任务实施步骤

（一）真菌病害的诊断

到田间采集一种真菌病害，按照植物病害的诊断步骤，填写表 2-3，完成对植物病害的诊断过程。

表 2-3　常见症状与病原

项目	症状描述或病原图片
田间诊断	
症状观察描述	
室内鉴定（并进行病原形态的绘制）	
病原分离培养和接种	
诊断结论	
备注	

小组展示，其他小组指正。

（二）细菌、病毒病害的诊断

结合植物病害的诊断步骤及发生特点，对所提供的细菌和病毒病害的标本进行诊断分析，并重点掌握细菌、病毒病害所致的植物病害的症状特点。

能不能给大家描述一下细菌和病毒病害的症状区别？

【任务考核】

对教师给定的一种未知病害进行诊断。

任务考核单

序号	考核内容	考核标准	分值	得分
1	田间诊断	正确诊断田间病害的发生面积、发生情况。	20	
2	症状观察描述	正确描述田间发生的病害症状。	20	
3	室内鉴定	能正确分离出引起病害的病原，并能对其进行鉴定。	20	
4	病原分离培养和接种	分离培养操作正确，符合操作规范。	20	
5	诊断结论	给出诊断结论。	20	

【归纳总结】

通过完成本次任务取得学习成果如下：

1.植物病害诊断的步骤。

2.不同植物病害的诊断要点。

【自我检测和评价】

一、简答

1.植物病害诊断的步骤?

2.真菌病害的诊断要点是什么?

3.真菌与细菌引起的相似症状在诊断上如何加以区分?

4.病毒病的诊断要点有哪些?

5.侵染性病害与非侵染性病害在诊断上的区别是什么?

【课外深化】

1.植物病害标本、图片搜集

到田间采集植物病害标本,采集真菌病害、细菌病害标本各 5 种,用相机照下图片,将采集到的标本带回实验室做成植物病害标本。

2.知识链接

侵染性病害与非侵染性病害的区别?

侵染性病害

由微生物侵染而引起的病害称为侵染性病害。由于侵染源的不同,又可分为真菌性病害、细菌性病害、病毒性病害、线虫性病害、寄生性种子植物病害等多种类型。

植物侵染性病害的发生发展包括以下三个基本的环节:病原物与寄主接触后,对寄主进行侵染活动(初侵染病程)。由于初侵染的成功,病原物数量得到扩大,并在适当的条件下传播(气流传播、水传播、昆虫传播以及人为传播)开来,进行不断的再浸染,使病害不断扩展。由于寄主组织死亡或进入休眠,病原物随之进入越冬阶段,病害处于休眠状态。到次年开春时,病原物从其越冬场所经新一轮传播再对寄主植物进行新的侵染。这就是侵染性病害的一个侵染循环。

非侵染性病害

非侵染性病害是由非生物因子引起的病害,如营养、水分、温度、光照和有毒物质等,阻碍植株的正常生长而出现不同病症。这些由环境条件不适而引起的果树病害不能相互传染,故又称为非传染性病害或生理性病害。这类病害主要包括缺镁症、缺锰症、缺锌症、缺铁症、缺钙症、缺钾症、缺铜症、缺硼症等。

1.缺镁症

常在酸性土及轻沙土的果园发生。主要发生在老叶上,尤其以挂果多的老年树,其结果母枝的老叶为甚。最初表现为老叶顶端及两侧的叶片出现轻微的黄化,主脉附近少许叶片呈绿色,严重时仅叶片主脉基部呈楔形绿色区、其余部分黄化,甚至全叶黄化,提早脱落,新梢不能正常转绿。防治方法:

①在酸性土壤,按 1 t/hm² 或 1～2 kg/株的用量增施钙镁磷肥。

②在各次新梢抽发前及叶片转绿前分别喷 1 次 0.5％硫酸镁或硝酸镁肥,或每株施100 g 硫酸镁。

2.缺锰症

常在酸性土和沙质土的果园发生。发病初期叶片黄化症状与缺锌相似,且缺铁症状常隐藏于缺锰症,因此缺锰症不易判断,常被误为缺锌症。缺锰症黄化程度较轻,主、侧、细叶脉附近叶肉多不黄化,且新梢叶片大小正常。防治方法:

①叶面喷施 0.3%硫酸锰,或 0.05%高锰酸钾,或 0.3%硫酸锰加 0.1%熟石灰。

②需施用石灰调整土壤至微酸性,并在树盘内株施 50~100 g 硫酸锰。

3.缺锌症

常在酸性沙质土及轻沙土的果园发生。新生老熟叶片的叶肉先出现淡绿色或黄色斑点,发病的新梢叶片比正常叶片明显小且窄,新梢节间缩短,小枝顶枯,果实偏小、僵硬,汁少味淡。防治方法:

①在新梢抽出 1/3~1/2 时和叶片转绿前,叶面各喷 1 次 0.2%硫酸锌+0.1%熟石灰,或在春芽萌发前 1 个月用 3%硫酸锌注射树干。

②施用石灰调整土壤至微酸性,并可在树盘内株施 100~150 g 硫酸锌。

4.缺铁症

常在碳酸钙或碳酸盐过多的碱性土壤的果园发生。初期新梢顶叶呈淡绿色,进而叶脉间的叶肉黄化,仅叶脉网状绿色,叶片失绿黄化失去光泽,与严重缺氮症相似,但同树老叶仍为正常绿色。叶片早落,果实变小,幼果果皮绿色变淡。防治方法:

①增施有机肥,种植绿肥,是解决缺铁症的有效措施。

②发病初期,喷 0.2%硫酸亚铁加 0.1%柠檬酸液,或加 0.3%柠檬铁铵有一定效果。

③在紫色土中施入硫黄粉,也可促进根系对铁的吸收。

5.缺钙症

常在酸性土和沙质土的果园发生。新梢幼叶先出现症状,嫩叶的叶缘处先产生黄色或黄白色;主、侧脉间及叶缘黄化,但主、侧脉及附近叶肉绿色,叶面黄化产生枯斑,嫩叶窄小黄化,不久脱落。严重枝条端部枯死,生理落果严重。病果小而畸形。土壤中大量施用酸性化肥或土壤中钾、硼元素含量过多,在干旱时造成元素不均衡,易诱发缺钙症。防治方法:

①合理施肥,多施有机肥料,少施含氮和钾的酸性化肥;酸性土壤施用 500~800 kg/hm² 的石灰来调节土壤酸度。

②喷施钙肥,刚出现症状时在新叶期树冠上喷施 0.3%磷酸氢钙或硝酸钙溶液。

6.缺钾症

常在沙质土或有机质少的土壤的果园发生。发病初期,在老叶叶尖和上部叶缘开始发黄,逐步向叶片中部发展。叶片卷曲畸形,新梢长势弱,果小而皮厚,味淡而酸。防治方法:

①增施有机肥和复合肥,实行配方施肥。

②生长期用喷施 0.5%硫酸钾数次,或冬季、初春每株根施硫酸钾 120~150 g。

7.缺硼症

多在土壤含钙过多或施石灰过多的果园发生。发病嫩叶上产生不规则的黄色水渍状斑点,叶小畸形,老熟叶片叶脉肿大,主侧脉木栓化,叶尖向内卷曲,易脱落,枝条干枯;幼果皮出现白色条斑,果变形、小而坚硬、皮厚汁少,严重时大量落果。防治方法:

①施用含硼较高的草木灰或种植绿肥(如藿香蓟)。

②在花期、幼果期喷施 1~2 次 0.2%硼砂或硼酸来防治。

学习小结

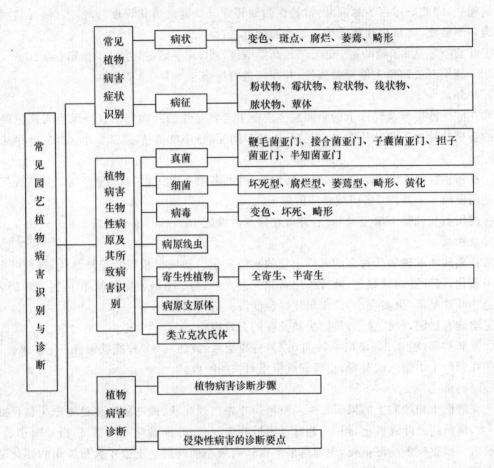

目标检测

一、概念

1.症状

2.病状

3.病征

4.植物病害

5.非侵染性病害

6.侵染性病害

7.有性繁殖

8.无性繁殖

二、填空

1.黄瓜白粉病是由（　　　　　）亚门的真菌引起的病害,其病状是（　　　　　）,病征是（　　　　　）;玫瑰锈病是由（　　　　　）亚门的真菌引起的,其病状是（　　　　　）,病征是（　　　　　）。

2.真菌有性孢子的类型包括（　　　）、（　　　）、（　　　）、（　　　）、（　　　）。

3.根据寄生性种子植物对寄主的依赖程度分为（　　　　　）和（　　　　　）两类,常见的寄生性种子植物有（　　　　　）和（　　　　　）。

4.病原细菌的繁殖方式是（　　　　　）。

5.病毒是由（　　　　　）和（　　　　　）两部分组成的。

6.真菌可以通过（　　　）、（　　　）、（　　　　　）侵入,细菌的侵入途径是（　　　）、（　　　　　）,病毒的侵入途径是（　　　　　）,线虫的侵入方式是（　　　　　）。

三、判断

1.原核生物是一类细胞核 DNA 无核膜包裹的单细胞微生物。（　　　）

2.植物病原真菌与细菌引起的植物病害症状相同。（　　　）

3.一般高温、干旱、氮肥过多等因素有利于细菌性病害的流行。（　　　）

4.生产上可以用链霉素防治花卉细菌病害。（　　　）

5.植物缺铁是非侵染性病害,通过适当补充铁元素植物缺铁性症状可以缓解。（　　　）

四、简答

1.简述植物病害的概念及与机械伤害的区别。

2.简述有性繁殖、无性繁殖的概念,产生孢子的类型。

3.真菌分哪几个亚门? 各有哪些主要特征?

4.简述侵染性病害与非侵染性病害的区别。

5.简述植物病害诊断的步骤。

6.简述病状、病征的概念及其类型,每种类型各举一例。

五、实例分析

到田间采集病害标本,进行病害诊断,并将采到的病害标本分类,将采集的病叶制作成标本。

项目三 科学使用农药

【知识目标】

　　通过对相关农药知识的学习,使学生学会鉴别农药的质量,能够根据生产实际选购合适的农药,在生产中能安全合理的使用农药,并能在科研生产中进行简单的田间药效试验。

【能力目标】

　　1.能够进行简单的农药质量鉴别。

　　2.能够选购合适的农药。

　　3.能够合理安全使用农药。

　　4.能够开展药效试验,并能对试验数据进行分析处理。

　　化学防治是农业生产中的一个重要手段,那么影响化学防治效果的重要因素就是优良的农药质量、合适的农药品种和正确的施用方法,所以,本项目我们来学习农药。

　　本项目分以下几个任务来完成:1.选购合适的农药;2.农药的稀释与配制;3.农药的合理、安全施用;4.田间药效试验。

任务一 选购合适的农药

【知识点】了解农药的种类、剂型、组分,农药质量鉴别的方法。

【能力点】能够通过理化检验初步鉴定农药的质量,并能够根据实际情况选到合适农药。

【任务提出】

　　2011 年 5 月初,昌图一农户来到某农药商店咨询,说自家的花生地内播下的花生种被一虫子钻蛀啃食,导致出苗不齐,据描述该虫黄色,体扁而细长,体表较硬,有三对胸足,经过销售人员鉴定,认为是沟针金虫,那么,如果你是该农药商店的销售人员,那么你该如何为该农民提供合适的农药呢?

【任务分析】

　　想要为该农户提供合适的农药,必须从下述方面入手,一是要根据金针虫的特性,提供相应的杀虫剂,二是要保证该杀虫剂的质量。那么,如果将来真有一天,我们作为技术人员或销售人员的话,我们就必须要了解农药有哪些种类,各有什么特性,又该从哪几方面鉴定农药质量的优劣。今天,我们就学习该问题的相关知识。

【相关专业知识】

一、农药的分类

农药的分类方法很多,一般先根据农药的防治对象、来源或用途分为几大类,然后再根据作用方式等进一步分类。

(一)杀虫剂

用于防治害虫的药剂叫杀虫剂。

1.按作用方式和进入虫体的途径分类

(1)胃毒剂 通过害虫取食,经口腔和消化道进入虫体内,使之中毒死亡的药剂,如敌百虫,适合于防治咀嚼式口器的昆虫。

(2)触杀剂 通过接触体壁渗入害虫体内,使害虫中毒死亡的药剂。如大多数有机磷杀虫剂、拟除虫菊酯类杀虫剂。触杀剂对各种口器的害虫均适用,但对体被蜡质分泌物的介壳虫、粉虱等效果差,喷雾时要求均匀周到。

(3)熏蒸剂 药剂以气体分子状态充斥其作用的空间,通过害虫的呼吸系统进入虫体,使害虫中毒死亡的药剂。如磷化铝、溴甲烷等。熏蒸剂应在密闭条件下使用效果才好。

(4)内吸剂 能被植物根、茎、叶吸收,并随植物体液传导到植物各位,害虫在取食植物组织汁液时,使害虫中毒死亡的药剂,如乐果、吡虫啉等。对刺吸式口器的昆虫防治效果好。

(5)其他杀虫剂 忌避剂,如驱蚊油、樟脑;拒食剂,如拒食胺;绝育剂,如噻替派、六磷胺等;昆虫生长调节剂,如灭幼脲Ⅲ。这类杀虫剂本身并无多大毒性,而是以其特殊的性能作用于昆虫。一般将这些药剂称为特异性杀虫剂。

实际上,杀虫剂的杀虫作用并不完全是单一的,多数杀虫剂往往兼具几种杀虫作用。如乐果有很强的内吸作用及触杀作用,敌敌畏具有触杀、胃毒、熏蒸三种作用。

2.按照杀虫剂的成分与来源分类

(1)有机合成杀虫剂 指药剂的化学成分中含有结合碳元素的杀虫剂,它是采用化学合成的方法制成的,又称为合成杀虫剂。这类杀虫剂种类很多,应用广泛,根据化学结构又可分为有机磷杀虫剂、有机氮杀虫剂、拟除虫菊酯类杀虫剂等。

(2)无机杀虫剂 是指在药剂的化学成分中不含结合碳元素的杀虫剂,也称矿物杀虫剂,如氟硅酸钠等。

(3)植物杀虫剂 指具有杀虫作用的植物,如烟草、鱼藤、除虫菊、苦蒿素、印楝素等。

(4)微生物杀虫剂 指具有杀虫作用的微生物及其代谢物的混合物,如阿维菌素、苏云金杆菌、白僵菌等。

(5)激素类杀虫剂 指人工合成的昆虫激素。它用于干扰害虫体内的激素消长,改变其正常的生理过程,使之不能正常的生长发育,从而达到消灭害虫的目的。这类杀虫剂又叫昆虫生长调节剂,如保幼激素、灭幼脲等。

(二)杀螨剂

能用来防治植食性螨类的药剂叫杀螨剂,如三氯杀螨醇、尼索朗、三唑锡等。有不少杀虫剂也具有兼治螨类的作用。

(三)杀菌剂

用来预防和治疗植物真菌或细菌病害的药剂称为杀菌剂。

1.按作用方式分类

(1)保护剂　在病原物侵入寄主之前,喷布于寄主表面,以保护寄主免受害,如波尔多液、代森锌等。

(2)治疗剂　在病原物侵入寄主后,用来处理寄主,以减轻或阻止病原物为害的药剂,如多菌灵、三唑酮、硫菌灵等。

(3)免疫剂　应用药剂增强作物的抗病能力,避免或减轻病菌的侵染的药剂,如乙膦铝、硫氰苯胺。

2.按杀菌剂的成分与来源分类

(1)无机杀菌剂　利用天然矿物和无机物制成的杀菌剂,如石硫合剂、波尔多液等。

(2)有机合成杀菌剂　采用人工合成的方法制成的杀菌剂。它的种类很多,常又分为有机硫杀菌剂、有机磷杀菌剂等,如代森锌、多菌灵、粉锈宁等。

(3)农用抗生素　指一些抗生菌产生的对细菌和真菌有抑制作用的代谢物,如多抗霉素、春雷霉素等。

(4)植物杀菌剂　指某些植物体内含有的抑菌或杀菌作用的化学物质,如大蒜杀菌素。

(四)杀线虫剂

用来防治植物线虫病的药剂,如克线磷、克线丹、威百亩等。

(五)除草剂

用来防除杂草和有害植物的药剂称为除草剂。

1.按除草剂的选择性能分类

(1)选择性除草剂　能够毒害或杀死某些植物,而对另一些植物无毒害或较安全的一类除草剂,如2,4-D。

(2)灭生性除草剂　施用后能杀伤所有植物的药剂,如草甘膦、百草枯。

2.按除草剂的成分与来源分类

(1)无机除草剂　由无机化合物制成的除草剂,如氯酸钾等。

(2)有机合成除草剂　由人工合成的用于除草的有机化合物,根据化学成分又可分为:苯氧羧酸类、醚类、酰胺类、氨基甲酸酯类、取代脲类、均三氮苯类、有机磷类、杂环类等。

(3)微生物除草剂　由微生物或其代谢物制成的除草剂,如鲁保一号等。

(六)植物生长调节剂

植物生长调节剂是仿照植物激素的化学结构,人工合成的具有植物激素的活性的物质,主要表现促进生长或抑制生长两方面的作用。

二、农药的构成、剂型及施用方法

农药是指用于预防、消灭或控制为害农业、林业的病、虫、草等有害生物及有目的地用于植物、昆虫生长的化学合成或来源于生物、其他天然物质的一种或几种物质的混合物及其制剂，也包括农药增效剂。

1. 农药的构成

农药中主要含有两部分物质：有效成分和助剂，还有的含有少量杂质。

未经加工的农药叫做原药，（固体的叫原粉、液体的叫原油），其中具有杀虫、杀菌或除草等作用的成分叫做有效成分。

凡能改善农药性状，提高药效，便于使用或扩大使用范围的物质都叫助剂。原药中除少数品种外，绝大多数不能直接在生产上使用。一是原药的浓度过大，容易造成药害，污染环境，造成不必要的浪费；二是很多种类的原药不溶于水，或附着性和分散性差，药效低，不利于施用。因此，在农药加工过程中要加入多种辅助剂。常见的助剂有填料、溶剂、湿润剂、乳化剂、填充剂、黏着剂等。

2. 农药的剂型及施用方法

将原药加入助剂进行加工，制成一定的药剂形态，这种药剂形态就叫做剂型。农药的加工对提高药效，改善药剂性能，以及降低毒性，保障安全等方面都起着重要的作用。常见的农药剂型如下。

(1) 粉剂　原药加入一定的填充料（如黏土、滑石粉），经过粉碎加工制成的粉状混合物。低浓度粉剂直接喷粉，高浓度粉剂可做拌种、毒饵及土壤处理。但不能兑水喷雾。粉剂加工简单，价格便宜，不需兑水，工效高，但附着力差，药效和残留不如可湿性粉剂和乳油，易污染环境。

(2) 可湿性粉剂　原药加填充料、湿润剂，分散剂后粉碎加工制成的粉状混合物。主要作喷雾使用，也可灌根，泼浇，不宜直接喷粉。

(3) 乳油　原药加入溶剂，乳化剂使之互溶而制成透明的油状液体。可用于喷雾、拌种、泼浇。

(4) 颗粒剂　原药加入辅助剂、载体制剂制成的粒状农药制剂。分为遇水解体与遇水不解体两种。遇水不解体的颗粒剂可供根施、穴施、与种子混播，地面撒施或撒入玉米心叶用，具有残效期长，对环境污染小，对天敌安全等优点。遇水解体的颗粒剂叫水分散粒剂，遇水后能迅速崩解，分散形成悬乳液。主要用于喷雾。颗粒剂由于粒度大、施用时沉降性好，漂移性小，对环境污染小，对施药人员安全，对作物和害虫的天敌也安全，施用时功效高，方便，一些剧毒农药制成颗粒剂，可使它成为低毒化药剂，并可控制农药释放速度，延长残效期，减少用药量等优点。

(5) 胶悬剂　为一种胶状液体制剂。它是将原药、填充料、湿润剂及分散剂等混合，经多次研磨而成。常用的为水液胶悬剂，可供喷雾使用。其湿润性、展着性、悬浮性、黏着力都优于可湿性粉剂，且能溶入植物的组织和气孔，耐雨水冲刷。

(6) 烟剂　农药原药或商品农药、燃料（锯木、木炭粉等）、氧化剂（氯酸钾、硝酸铵）、阻燃剂（氯化铵、陶土等）混合制成。烟剂主要用于防治塑料大棚及森林病虫害，仓库及卫生害虫。

(7) 缓释剂　原药或其他药剂加入缓释剂、填充料等制成的，具有缓慢释放农药有效成分的功能的剂型。它具有残效期长、污染轻、使用安全、节省用药、降低成本等优点，是一种有发展前途的新剂型。

(8) 种衣剂　是用于种子处理的流动性黏稠状制剂，或在水中可分散的固体制剂，加水后调成浆状。能均匀地附着在种子表面,溶解挥发后在种子表面形成药膜,用于防治鼠害、地下害虫和病害等。

(9)水分散粒剂　它是在可湿性粉剂和悬浮剂的基础上发展起来的新剂型,具有分散性好、悬浮率高、稳定性好、使用方便等特点,入水后,自动崩解,分散成悬浮液。

此外,现阶段应用和发展的农药剂型还有:水剂、毒饵、熏蒸剂、微乳剂、泡腾片剂、浓乳剂等。

三、常见的农药品种

(一)有机磷杀虫剂

1.敌百虫

属高效、低毒、广谱性杀虫剂,属强烈的胃毒作用,兼具触杀作用。剂型有90%原药,80%晶体、80%和85%可溶性粉剂。广泛用于防治农林害虫及家畜体内外寄生虫。

2.敌敌畏

又称为DDV,具熏蒸、胃毒和触杀作用,是一种高效、速效、广谱的有机磷杀虫剂,适用于防治多种蝶蛾类幼虫、介壳虫幼虫及粉虱、蚜虫等多种卫生、仓库、温室害虫。制剂有50%乳油、80%乳油。熏蒸杀虫可用80%乳油1 000倍液喷洒,施药后密闭2～3 d。其杀虫作用的大小与气温高低有直接关系,气温越高,杀虫效力越强。

3.辛硫磷

是高效、低毒、广谱的有机磷杀虫剂,具有强烈的触杀作用和胃毒作用。对多种鳞翅目幼虫有特效,用于防治多种园艺害虫、卫生害虫和仓储害虫,还用于防治蛴螬、蝼蛄和金针虫等地下害虫。易分解,故适合在果、蔬、茶上使用。

4.毒死蜱

商品名称为乐斯本,是广谱的有机磷杀虫、杀螨剂,具有胃毒作用和触杀作用,在土壤中挥发性较高。制剂有40%乳油。防治介壳虫、蚜虫、红蜘蛛、蓟马等害虫,用500～1 500倍液喷雾;防治地下害虫用1.2～2.8 kg/hm² 拌毒土撒施。

5.乐果和氧化乐果

具有触杀、内吸及胃毒作用,是广谱性的有机磷杀虫、杀螨剂。对果、蔬、棉、茶、油料作物的多种害虫有良好防效,尤其是蚜虫、蓟马、红蜘蛛有较好效果,但要注意安全间隔期。氧化乐果为高毒农药,多数无公害生产的蔬菜、瓜类和茶树上禁止使用,对蜜蜂和天敌昆虫毒性大。

6.马拉硫磷

具有良好的触杀、胃毒和微弱的熏蒸作用,属低毒低残留品种。适用于防治草坪、牧草、花卉、观赏植物、蔬菜、果树等作物上的咀嚼式口器和刺吸式口器害虫,还可用来防治蚊、蝇等家庭卫生害虫以及体外寄生虫和人的体虱、头虱。低温时使用效果差。

7.二嗪磷

是含杂环的有机磷杀虫剂,具有触杀、胃毒、熏蒸和一定的内吸作用,也有较好的杀螨与杀卵作用,广泛用于水稻、玉米、甘蔗、烟草、果树、蔬菜、牧草、花卉、森林和温室,用来防治多种刺吸性和食叶性害虫,也用于土壤防治地下害虫和线虫,还可用于防治家畜体外寄生虫和蝇类、蟑螂等家庭害虫。对水生生物高毒。此药不能与敌稗混合使用,不能用铜罐、铜合金罐、塑料瓶盛装。制剂有45%乳油、50%乳油、70%优质乳油。

(二)氨基甲酸酯类杀虫剂

1.灭多威

商品名称为万灵,其他名称又称为乙肟威、灭索威,是广谱的内吸性氨基甲酸酯类杀虫剂,具有触杀作用、胃毒作用。制剂有 20%乳油、24%水剂。可用于果树、蔬菜、棉花、苜蓿、烟草、草坪草、观赏植物等,叶面喷雾可防治蚜虫、蓟马、黏虫、烟草卷叶虫、苜蓿叶象甲、烟草天蛾、棉铃虫、水稻螟虫、飞虱以及果树上的多种害虫。

2.硫双威

商品名称为拉维因,其他名称为双灭多威、硫双灭多威、桑得卡,属氨基甲酰肟类杀虫剂,以茎叶喷雾和种子处理方式用于许多作物,具有一定的触杀作用和胃毒作用,对主要的鳞翅目、鞘翅目和双翅目害虫有效,对鳞翅目的卵和成虫也有较高的活性。硫双威对皮肤无刺激作用,对眼睛有微刺激作用。制剂有 25%硫双灭多威可湿性粉剂、75%桑得卡可湿性粉剂、75%拉维因可湿性粉剂、37.5%拉维因悬浮剂。

3.抗蚜威

商品名称为辟蚜雾,是具有触杀作用、熏蒸作用和渗透叶面作用的氨基甲酸酯类选择性杀蚜虫剂,被植物根部吸收后可向上输导。可用于果树、花卉及一些观赏植物,有速效性,可有效地延长对蚜虫的控制期。抗蚜威对瓢虫、食蚜蝇和蚜茧蜂等蚜虫天敌没有不良影响。剂型有 1.5%可湿性粉剂、50%的水分散粒剂。

(三)拟除虫菊酯类杀虫剂

1.溴氰菊酯

商品名称为敌杀死,是高效、广谱的拟除虫菊酯类杀虫剂。具强触杀作用、胃毒作用与忌避活性,击倒快,无内吸活性及熏蒸作用。能防治草坪草、农作物、果树上的 140 多种害虫,但对螨类效果差。制剂有 2.5%敌杀死乳油。

2.氰戊菊酯

商品名称为速灭杀丁、速灭菊酯、杀灭菊酯、杀灭速丁等,是高效、广谱触杀性拟除虫菊酯类杀虫剂,有一定胃毒作用与忌避活性,无内吸活性及熏蒸作用,可防治大多鳞翅目、半翅目、双翅目幼虫,对螨类效果差,害虫易产生耐药性。

3.甲氰菊酯

商品名称为灭扫利,有触杀作用和胃毒作用,并有一定的忌避作用,无内吸活性和熏蒸作用,杀虫谱广,并对叶螨有较好的防治效果。适用于防治蔬菜、花卉、草坪上的多种害虫和害螨。制剂有 20%乳油。

4.氯氰菊酯

商品名称为安绿宝、灭百可、兴棉宝、赛波凯,为广谱、触杀性杀虫剂,可用来防治果树、蔬菜、草坪等植物上的鞘翅目、鳞翅目和双翅目害虫,也可防治地下害虫,还可防治牲畜体外寄生虫微小牛蜱及羊身上的痒螨属寄生虫、羊蜱蝇和其他各种璎螨,对室内蜚蠊、蚊、蝇等传病媒介昆虫均有良效。剂型有 5%乳油、10%乳油、20%乳油,12.5%可湿性粉剂、20%可湿性粉剂。

5.高效氯氟氰菊酯

商品名称为功夫,其他名称为三氟氯氰菊酯、功夫菊酯、氟氯氰菊酯、氯氟氰菊酯、空手道,有强烈的触杀作用和胃毒作用,也有驱避作用,杀虫谱广,对螨类兼有抑制作用,对鳞翅目幼虫及同翅目、直翅目、半翅目等害虫均有很好的防效。适用于防治花卉、草坪、观赏植物上大多数害虫。高效氟氯氰菊酯对蜜蜂、家蚕、鱼类及水生生物有剧毒。在正常用量下,对蜜蜂安全无害。剂型有2.5%功夫乳油。此药对螨仅为抑制作用,不能作为杀螨剂专用于防治害螨,不能与碱性物质混用。

(四)苯甲酰脲类杀虫剂

1. 氟铃脲

其他名称为盖虫散,具有很高的杀虫和杀卵活性而且速效,尤其是防治棉铃虫。在害虫发生初期(如成虫始现期和产卵期)施药最佳,在草坪及空气湿润的条件下施药可提高盖虫散的杀卵效果。制剂有5%氟铃脲乳油。

2. 除虫脲

商品名称为敌灭灵,其他名称为伏虫脲、氟脲杀,属苯甲酰脲类昆虫生长调节剂,对鳞翅目害虫有特效,对刺吸式口器昆虫无效。制剂有20%除虫脲悬浮剂。用1 000～2 000倍液喷雾可防治黏虫、玉米螟、玉米铁甲虫、棉铃虫、稻纵卷叶螟、二化螟、柑橘木虱等害虫,以及菜青虫、小菜蛾、甜菜夜蛾、斜纹夜蛾等蔬菜害虫。

3. 氟虫脲

商品名称为卡死克,广泛用于柑橘、棉花、葡萄、大豆、玉米和咖啡上,对植食性螨类(刺瘿螨、短须螨、全爪螨、锈螨、红叶螨等)和其他许多害虫均有特效,对捕食性螨和天敌昆虫安全。制剂有5%卡死克可分散性液剂。

4. 氟啶脲

商品名称为抑太保、定虫隆,以胃毒作用为主,兼有触杀作用。对多种鳞翅目害虫及直翅目、鞘翅目、膜翅目、双翅目害虫有很高活性,对鳞翅目害虫,如甜菜夜蛾、斜纹夜蛾有特效,对刺吸式口器害虫无效,残效期一般可持续2～3周,对使用有机磷、氨基甲酸酯、拟除虫菊酯等其他杀虫剂已产生抗性的害虫有良好的防治效果。制剂有5%抑太保乳油。防治适期应掌握在卵孵化期至1～2龄幼虫盛期。

(五)氯化烟酰类杀虫剂

1. 吡虫啉

又名咪蚜胺、灭虫精,是一种烟碱类高效、低毒广谱内吸性杀虫剂,兼具胃毒作用和触杀作用,持效期长,对刺吸式口器害虫防效好。制剂有10%吡虫啉可湿性粉剂、5%吡虫啉乳油等。主要用于防治农作物、花卉、草坪上的刺吸式口器害虫。

2. 啶虫脒

商品名称为吡虫清、乙虫脒、莫比朗,对同翅目(尤其是蚜虫)、缨翅目和鳞翅目害虫有高效。对抗有机磷、氨基甲酸酯和拟除虫菊酯等的害虫也有高效。防治蚜虫、小菜蛾和桃小食心虫的持效期可达13～22天。剂型有20%可溶性粉剂、13%莫比朗乳油。该杀虫剂可以和其他类杀虫剂配伍,参与害虫综合治理系统。

(六)常用杀螨剂

1. 哒螨灵

商品名称为哒螨酮、速螨酮、扫螨净、哒螨净,属杂环类杀螨剂。杀螨谱广,触杀性强,无内吸作用、传导作用和熏蒸作用;能抑制螨的变态,对叶螨的各个生育期(卵、幼螨、若螨和成螨)均有较好的防治效果;速效性好,持效期长,可达 30～60 d;与常用杀螨剂无交互抗性。在螨类活动期常量喷雾使用。制剂有 15%哒螨灵乳油、20%哒螨酮可湿性粉剂等。防苹果叶螨、山楂叶螨,在苹果开花初期,用 20%可湿性粉剂 2 500 倍液均匀喷雾;防全爪螨用 3 000～4 000 倍液均匀喷雾,可兼治锈螨。

2.噻螨酮

商品名称为尼索朗,为非内吸性杀螨剂,对螨类的各虫态都有效;速效,持效期长;与有机磷、三氯杀螨醇无交互抗性。用于防治果树等植物上的多种螨类。在螨类活动期常量喷雾使用。制剂有 5%尼索朗乳油和 5%尼索朗可湿性粉剂。

3.四螨嗪

商品名称为阿波罗、螨死净,为特效杀螨剂,对螨卵杀伤力很高,对幼螨、若螨也有较强杀伤力,对成螨基本无效,但能抑制雌成螨的产卵量和所产卵的孵化率。主要用于防治果树上的各类红蜘蛛和柑橘锈壁虱。因其主要是杀卵药效发挥较慢,一般施药后 7～10 天才有显著效果,2～3 周才达到药效高峰,但药效期较长,一般可达 50～60 天。制剂有 50%阿波罗悬浮剂、20%阿波罗悬浮剂。

4.苯丁锡

商品名称为托尔克、螨完锡、螨锡,其他名称为杀螨锡,可有效地防治活动期的各虫态植食性螨类,并可保持较长时间的药效。苯丁锡以有效成分 20～50g/hm² 喷雾,主要用于葡萄、观赏植物等浆果和核果类上的瘿螨科和叶螨科螨类,尤其对全爪螨属和叶螨属的害螨有高效,对捕食性节肢动物无毒。制剂有 50%托尔克可湿性粉剂、25%托尔克悬浮剂等。对高等动物低毒,对鱼类等水生生物高毒,对鸟类、蜜蜂低毒,对害螨天敌捕食螨、食虫瓢虫、草蛉等较安全。

(七)其他杀虫杀螨剂

1.噻嗪酮

商品名称为扑虱灵、优乐得,为噻二嗪类昆虫生长调节剂,对某些鞘翅目和半翅目以及蜱螨目害虫、害螨具有持久的杀幼虫活性,可有效地防治叶螨、飞虱、叶蝉,柑橘粉虱及观赏树木上的盾蚧和粉蚧。噻嗪酮对眼睛和皮肤的刺激极轻微。制剂有 25%优乐得可湿性粉剂。用 25%可湿性粉剂 300～450 g/hm² 或 1 000～1 500 倍喷雾。

2.锐劲特

锐劲特以触杀作用和胃毒作用为主,在植物上有较强的内吸作用和击倒活性,对包括蚜虫、叶蝉、飞虱、鳞翅目幼虫、蝇类和鞘翅目在内的一系列重要害虫均有很高的杀虫作用。剂型有 5%胶悬剂、20%胶悬剂、0.3%颗粒剂、1.5%颗粒剂、2%颗粒剂。防治蓟马、小菜蛾、卷叶螟等害虫,每公顷用 5%胶悬剂 300 mL 对水喷雾,有效期 14 d。锐劲特原药对鱼类和蜜蜂毒性较高,使用时应慎重。土壤处理时要注意与土壤充分掺和,才能最大限度地发挥低剂量的优点。

3.阿维菌素

是新型抗生素类杀虫、杀螨剂,对螨类和昆虫具有胃毒和触杀作用。喷施叶表面可迅速分解消散,渗入植物薄壁组织内的活性成分可较长时间存在于组织中并具有传导作用。对鳞翅目、鞘翅目、斑潜蝇及螨类有高效,对人畜高毒。常见剂型有 1.0%乳油、1.8%乳油。原药高毒,制剂低毒,对人无影响,对鱼、蜜蜂高毒,对鸟类低毒。

4.茴蒿素

具有胃毒和触杀作用,并兼有杀卵作用。可用于防治鳞翅目幼虫。对人、畜极低毒性,无污染,对环境安全,适于生产绿色食品。其常见的剂型为0.65%水剂。

5.印楝素

是从印楝树种子中提取的一种生物杀虫剂,具有胃毒、触杀、拒食、忌避及影响昆虫生长发育等多种作用,并具有良好的内吸传导性。属新型的植物杀虫剂,能防治鳞翅目、同翅目、鞘翅目等多种害虫。对人、畜、鸟类及天敌安全,无残毒,不污染环境。适于生产绿色食品使用。其常见的剂型为0.3%乳油。一般使用浓度为0.3%乳油稀释800~2 000倍液喷雾。

6.烟碱(尼可丁)

是从烟草粉末、粗碎的烟茎或烟筋中提取出游离烟碱。具有胃毒、触杀和熏蒸作用,还有杀卵作用。可用于防治同翅目、鳞翅目、双翅目、半翅目等害虫。对人、畜中等毒性。其常见的剂型是2%水乳剂和10%烟碱乳油。

7.苦参碱

又称苦参素,具有触杀和胃毒作用。由中草药植物苦参的根、果提取制成的生物碱制剂,其杀虫机理是使害虫神经中枢麻痹,从而使虫体蛋白质凝固、气孔堵塞,最后窒息而死。可用于防治多种作物上的蚜虫、螨类、菜青虫、棉铃虫、小菜蛾、潜叶蝇、谷物粘虫、茶小绿叶蝉、白粉虱、食心虫及地下害虫等,常见的剂型有0.04%水剂,0.1%粉剂。可用于拌种、毒土、喷雾等。

8.苏云金杆菌

该药剂是一种细菌性杀虫剂。属低毒广谱性胃毒剂。可用于防治直翅目、鞘翅目、双翅目、膜翅目,特别是鳞翅目的多种害虫。常见剂型有可湿性粉剂(100亿活芽/g),Bt乳剂(100亿活孢子/mL),可用于喷雾、喷粉、灌心等,对鳞翅目低龄幼虫效果好。30℃以上施药效果最好。苏云金杆菌可与敌百虫、菊酯类等农药混合使用,速度快。但不能与杀菌剂混用。

9.白僵菌

该药剂是一种真菌性杀虫剂。可用于防治鳞翅目、同翅目、膜翅目、直翅目等害虫。对人、畜及环境安全,对蚕感染力很强。常见的剂型为粉剂(每1 g菌粉含有孢子50亿~70亿个)、50亿/g颗粒剂。一般使用浓度为菌粉稀释50~60倍液喷雾。

10.核型多角体病毒

该药剂是一种病毒杀虫剂。属低毒杀虫剂。具有胃毒作用。对人、畜、鸟、益虫、鱼及环境安全,对植物安全,害虫不易产生抗性,不耐高湿,易被紫外线照射失活,作用较慢。适于防治鳞翅目害虫。其常见的剂型为粉剂、可湿性粉剂。

11.多杀霉素

新型抗生素类杀虫剂,具有胃毒和触杀作用。对人畜低毒。对于鳞翅目幼虫、蓟马等效果好。也可防治鞘翅目、直翅目中某些大量取食叶片的害虫种类。常见的剂型有:2.5%、48%悬浮剂。适合无公害蔬菜生产中应用。

12.杀螟杆菌制剂

又名青虫菌,是一种细菌性微生物杀虫剂。其有效成分为伴孢晶体和芽孢,是苏云金杆菌的一个变种。属低毒、广谱性胃毒剂,对鳞翅目食叶性害虫效果明显。一般使用100亿孢子/g粉剂400~600倍液喷雾防治。

13. 灭幼脲

又名灭幼脲 3 号,是一种酰基脲类低毒杀虫剂,其作用机制是抑制昆虫表皮几丁质合成,使其不能正常蜕皮而死亡。以胃毒作用为主,触杀作用不强,药剂耐雨水冲刷,持效期较长,但其药效发挥较慢。田间降解慢。主要用于防治鳞翅目害虫。

14. 除虫脲

又名伏虫脲、灭幼脲 1 号等,是一种低毒杀虫剂。作用机制是抑制昆虫表皮几丁质合成,使其幼虫不能正常蜕皮而死亡。具有触杀和胃毒作用。对作物和有益生物等无明显不良影响。

常用杀菌剂品种

(一)保护性杀菌剂

1. 波尔多液(碱式硫酸铜)

天蓝色胶状悬液,碱性,对金属有腐蚀。杀菌谱广,对霜疫霉菌高效。长期使用诱导螨类猖獗。

2. 氢氧化铜(可杀得)

以预防、保护作用为主,并对植物生长有刺激作用。靠释放出铜离子与真菌体内蛋白质中的-SH、-NH$_2$、-COOH、-OH 等基团起作用,导致病菌死亡。可用于防治细菌性病害、葡萄霜霉病等。

3. 琥胶肥酸铜

铜离子与病原菌膜表面上的阳离子交换,使病原菌细胞膜上的蛋白质凝固,同时部分铜离子渗透进入病原菌细胞内与某些酶结合,影响其活性。并对植物生长有刺激作用。可用于防治细菌性病害、葡萄霜霉病等。

4. 石硫合剂

由石灰和硫黄加水配制而成,有效成分为多硫化钙 CaS·S$_x$。褐色,臭蛋味,碱性,易被氧化。用于防治白粉病、锈病、炭疽病。应用时随季节和作物浓度有所不同。

5. 福美双

用于防治蔬菜类苗期立枯和猝倒病等土传病害。对霜霉病、疫病、炭疽病也有较好效果,对人畜低毒,常见剂型有 50%、75%可湿性粉剂等。

6. 百菌清

属苯并咪唑类低毒杀菌剂。为一种广谱触杀型的无内吸作用保护剂,在植物表面有良好的黏着性,不易受雨水等冲刷,一般药效期 7～10 天。对于霜霉病、疫病、炭疽病、灰霉病、锈病、白粉病及各种叶斑病有较好的防治效果。常见剂型有 50%、75%可湿性粉剂,10%油剂,5%、25%颗粒剂,2.5%、10%、30%烟剂等。油剂对桃、梨、柿、梅及苹果幼果可致药害。烟剂对家蚕、柞蚕、蜜蜂有毒害作用

7. 代森锰锌

属有机硫类低毒杀菌剂,广谱保护性杀菌剂。对植物上的霜霉病、炭疽病、疫病和各种叶斑病等多种病害有效,例如防治苗木立枯病、泡桐炭疽病、樱花褐斑穿孔病、桃细菌性穿孔病、葡萄黑痘病、桂花叶斑病和苹果锈病,它常与内吸性杀菌剂混配,用于延缓抗性的产生。常见

剂型有 25％悬浮剂,70％可湿性粉剂。

(二)治疗性杀菌剂

1.乙磷铝(疫霉灵)

第一个双向传导的杀菌剂,防霜霉菌、疫霉菌,对霜霉病防效尤佳。可喷洒、拌种、灌根、浸渍等。连续长期使用容易产生抗药性。黄瓜、白菜在浓度偏高时,易产生药害。

2.多菌灵

广谱内吸、向顶输导,具保护和治疗作用,易产生抗药性。

3.甲基硫菌灵(甲基托布津)

与多菌灵相似,防葡萄孢菌、镰刀菌、青霉菌、丝核菌。

4.三唑酮(粉锈宁)

高效、低毒、低残留、持效期长,易传导。防白粉病、锈病、黑穗病。

5.抑霉唑(抑霉力)

内吸性广谱杀菌剂,该药影响细胞膜的渗透性、生理功能和脂类合成代谢,从而破坏霉菌的细胞膜。同时抑制霉菌孢子的形成。防果、蔬菜贮藏期病害。

6.咪鲜胺

对于子囊菌及半知菌引起的多种作物病害有特效。虽然不具内吸作用,但它具有一定的传导性能。可用于果品贮藏期病害、水稻恶苗、稻曲、炭疽。

7.丙环唑

对白粉病、锈病,水稻恶苗病、香蕉叶斑病具有较好的防治效果。

8.腈菌唑

具有强内吸性、药效高,持效期长特点。具有预防和治疗作用。对白粉病、锈病,叶斑病、黑星病具有较好的防治效果。

9.氟硅唑

三唑类杀菌剂。该药主要是破坏和阻止病菌的细胞膜重要组成成分麦角甾醇的生物合成,导致细胞膜不能形成,使病菌死亡。对白粉病、锈病、黑星病、叶斑病高效。

10.苯醚甲环唑

对多种蔬菜和果树的叶斑病、白粉病、锈病及黑星病、炭疽病等病害有较好的治疗效果。

11.甲霜灵(瑞毒霉)

具保护和治疗作用的内吸性杀菌剂,可被植物的根、茎、叶吸收,并随植物体内水分运转而转移到植物的各器官,可以作茎叶处理,种子处理和土壤处理,对霜霉菌、疫霉菌、腐霉菌所引起的病害有效。防霜霉菌、疫霉菌引起的猝倒病。吸收传导快;持效期长;易产生抗性。

12.烯酰吗啉(安克)

是专一杀卵菌纲真菌杀菌剂,其作用特点是破坏细胞壁膜的形成,对卵菌生活史的各个阶段都有作用,在孢子囊梗和卵孢子的形成阶段尤为敏感,在极低浓度下($<0.25\ \mu g/mL$)即受到抑制。与苯基酰胺类药剂无交互抗性。防霜霉菌、疫霉菌引起的猝倒病、霜霉病。吸收传导快,持效期长,易产生抗性。

13.十三吗啉(克力星)

是一种具有保护和治疗作用的广谱性内吸杀菌剂,能被植物的根、茎、叶吸收,对担子菌、子囊菌和半知菌引起的多种植物病害有效,主要是抑制病菌的麦角甾醇的生物合成。对白粉病、锈病、腐烂病,香蕉叶斑病、葡萄白腐、炭疽病具有较好的防治效果。

14. 乙霉威

广谱杀菌剂,与苯并咪唑类杀菌剂有负交互抗性,对抗多菌灵的灰霉菌有效。

15. 嘧霉胺

具有内吸传导和熏蒸作用,施药后迅速达到植株的花、幼果等喷雾无法达到的部位杀死病菌。通过抑制病菌侵染酶的产生从而阻止病菌的侵染并杀死病菌。主要用于防治灰霉病、叶霉病。

16. 恶霉灵

一种土壤消毒剂,对腐霉病、镰刀菌等引起的猝倒病有较好的预防效果。该药与土壤中的铁、铝离子结合,抑制孢子的发芽。能被植物的根吸收及在根系内移动,在植株内代谢产生两种糖苷,对作物有提高生理活性的效果,从而能促进植株生长、根的分蘖、根毛的增加和根的活性提高。

17. 噻菌灵

具有保护、治疗、内吸作用,作用机理是抑制真菌线粒体的呼吸作用和细胞增殖;与苯菌灵等苯并咪唑药剂有正交互抗药性。抗菌活性限于子囊菌、担子菌、半知菌,而对卵菌和接合菌无活性。可防治多种作物的荚、茎、叶部的病害和根腐病,也用于柑橘、香蕉等水果贮藏期病害防治,延长保鲜期。

18. 春雷霉素(加收米)

是农用抗生素,具有较强的内吸性,该药主要干扰氨基酸的代谢酯酶系统,从而影响蛋白质的合成,抑制菌丝伸长和造成细胞颗粒化,但对孢子萌发无影响。

19. 多抗霉素

广谱性抗生素类,具有较好的内吸传导作用,主要防治对象有烟草赤星病、瓜类枯萎病、人参黑斑病、苹果斑点落叶病等多种真菌病害。

20. 嘧菌酯(阿米西达)

线粒体呼吸抑制剂。具有保护、铲除、渗透、内吸活性,抑制孢子萌发和菌丝生长并一直产孢。各种霜霉病、晚疫病、早疫病、炭疽病、白粉病、叶霉病、立枯病、猝倒病、根腐病、锈病、灰霉病、菌丝病等。

21. 甲呋酰胺

内吸杀菌剂,主要用于防治霜霉病,具有双向传导作用,可作为防止甲霜灵抗性菌株的药剂。制剂 GP、GR、WP,如 1.5% 颗粒剂、0.5% 粉剂和 15% 可湿性粉剂。

22. 环唑醇

具有预防与治疗作用,对果树和葡萄上的白粉菌属、锈菌目、孢霉菌属、喙孢属、壳针孢属、黑星菌属病菌均有效,可防治谷类和咖啡锈病,谷类、果树和葡萄白粉病,花生、甜菜叶斑病。苹果黑星病和花生白腐病。防治麦类锈病持效期为 4~6 周。防治白粉病为 3~4 周。

23. 氟菌唑

低毒性杀菌剂。具有预防、治疗、铲除效果,内吸作用传导性好,抗雨水冲刷,适用于麦类、果树、蔬菜等白粉病、锈病、桃褐腐病的防治。常见剂型有 30% 可湿性粉剂,15% 乳油,10% 烟剂。

24．双胍辛胺

是一种广谱性杀真菌剂，具有触杀和预防作用。对大多数由子囊菌和半知菌引起的真菌病害有很好的效果。可有效防治灰霉病、白粉病、菌核病、茎枯病、蔓枯病、炭疽病、轮纹病、黑星病、叶斑病、斑点落叶病、果实软腐病、青霉病、绿霉病。还能十分有效地防治苹果花腐病和苹果腐烂病以及小麦雪腐病等。此外，还被推荐作为野兔、鼠类和鸟类的驱避剂。同目前市场上的杀菌剂无交互抗性。制剂 40%可湿性粉剂（百可得）、25%的水剂、液剂和 3%的糊剂。不能与强酸或强碱性农药，如波尔多液等混配。

25．噻氟酰胺

低毒，是一种新的噻唑羧基 N-苯酰胺类杀菌剂，可防治多种植物病害，特别是担子菌、丝核菌属真菌所引起的病害。它具有很强的内吸传导性，适用于叶面喷雾、种子处理和土壤处理等多种施药方法，成为防治水稻、花生、棉花、甜菜、马铃薯和草坪等多种作物病害的优秀杀菌剂。果蔬上用于防治黑星病，灰霉病。制剂有 23%满穗悬浮剂。

【任务实施】

一、材料及工具的准备

（1）材料　常见农药的说明书或宣传单。选购要求单。

（2）工具　联网电脑、笔、本等。

二、任务实施步骤

（一）根据作物、病虫害种类和农药性质确定选购农药的品种

先要准确识别病虫害的种类，确定重点防治对象，并根据发生期、发生程度选好合适的农药品种和剂型。防治害虫要选杀虫剂，防治病害要选杀菌剂，细菌病害尽量选择抗生素类杀菌剂。防治病害，要在病害发生前喷洒防护剂，病害发生后，则要喷洒治疗剂。防治病害要掌握先保护后治疗的原则，抓住最佳施药时机，并连续用药几次才能达到好的效果。还要注意作物的种类和生育时期是否对某些农药敏感。

（二）选择质量合格的农药

1．看外观选农药

购药时要认真识别农药的标签和说明，凡是合格的商品农药，在标签和说明书上都标明农药品名、有效成分含量、注册商标、批号、生产日期、保质期、中毒症状、解救措施、毒性标志等信息，并有三证号，而且附有产品说明书和合格证。此外还要仔细检查农药的外包装，凡是标签和说明书识别不清或无正规标签的农药不要购买。可以归纳为六看。

一看农药的生产厂家和其联系地址。按规定农药标签要写上生产厂家的地址、邮编、联系电话。凡是农药标签上没这些内容或者内容不全的，其产品很可能有问题，最好不要购买和使用。尽量购买正规厂家的产品。

二看农药产品的三证。国内生产和进口国内分装的农药要有三个证号：农药登记证号、生产批准证（文）号和企业（产品）标准证号；国外直接进口农药只有农药登记证号。农药登记证分为正式登记证和临时登记证。正式登记证号为：PD×××××，临时登记证

为：LS××××××。

三看农药的有效成分。购买农药一定要弄清产品的有效成分，不要被好听的商品名迷惑。一些厂家为了不让农民知道产品的有效成分，往往用英文通用或化学名来标注，甚至什么都不标，这是违犯农药管理法规的。按规定，凡是有中文通用名的农药必须用中文通用名注明。只有极少数新农药品种，因为未有中文名才能用英文名。农药产品的登记证号、有效成分和防治对象等可在农药登记公告或中国农药信息网中查到。

四看重量、容量和含量。要防止一些厂家生产出比正规包装含量稍低，但价格相同的行为。同时还要注意同一种药剂中的含量差别。

五看包装质量和价格。同样的农药品种，假冒的大多包装质量差，因为假冒者一般不愿意增加包装成本，包装质量一般较差。当一种农药价格明显低于同类产品和以往产品的价格时，假冒的可能性较大。如有包装泄漏现象的也不要购买。

六看有效期。购买农药时还要注意产品的有效期，过期产品不要购买。农药的保质期一般为两年。

2.看质量选农药

农药质量的鉴定有物理鉴定和化学鉴定两种方法。

物理鉴定法是从农药的外观状态来判定农药的质量。

(1)粉剂和可湿性粉剂　应为疏松粉末、无团块。如有结块或有较大的颗粒，说明已经受潮，不仅产品的细度达不到要求，其有效成分含量也可能发生变化。如果颜色不均，亦说明可能存在质量问题。

(2)乳油　应为均相液体，无沉淀或悬浮物。如出现分层或混浊现象，或者加水稀释后的乳液不均匀，有肉眼可见的漂浮颗粒，或有乳油、沉淀物，都说明产品质量可能有问题。

(3)悬浮剂　悬乳剂应为可流动的悬浮液，无结块，长期存放，可能存在少量分层现象，但经摇晃后应能恢复原状。如果经摇晃后，产品不能恢复原状或仍有结块，说明产品存在质量问题。

(4)熏蒸剂　所用的片剂如呈粉末状，表明已失效。

(5)水剂　应为均相液体，无沉淀或悬浮物，加水稀释后一般不出现混浊沉淀。

(6)颗粒剂　产品应粗细均匀，不应含有过多粉末。

化学鉴定法是通过一定的化学反应来鉴定农药的质量。

(1)水溶解法　将乳剂农药取出少许放入盛有水的容器中，搅拌后观察溶解情况，若立刻变为乳白色液体，属真农药，若出现油水分离现象或溶解程度差则是假农药。

(2)加热法　把已经产生沉淀的乳剂农药连瓶放入热水中，1 h后，未失效农药的沉淀物会缓慢溶化，而失效农药的沉淀物不溶解。

(3)摇荡法　一般乳剂农药瓶内出现分层现象，上层是乳油，下层是沉淀，可用力摇动药瓶，使农药均匀，静置1 h，若还是分层，证明农药变质失效，若分层消失，说明农药尚未失效。

(4)烧灼法　可取多菌灵粉剂农药10～20 g，放在金属片上置于火上烧烤。若冒出白烟，证明未失效，否则已失效。

(5)悬乳法　对可湿性粉剂，可取50 g药倒入瓶中，加少量水调成糊状，再加适量清水搅拌均匀，稍等一下进行观察。没有变质的农药，其粉粒较细，悬乳性好，沉淀慢而少，已变质的农药或假农药悬乳性差，沉淀快而多；介于二者之间说明药效降低了。另外也可以将农药样品撒到水面上,1~2 min观察,若全部湿润,说明有效;若长时间地漂浮在水面,不湿润,说明失效或效果降低。

【任务考核】

任务考核单

序号	考核内容	考核标准	分值	得分
1	农药品种确定	能根据作物、病虫种类选择合适农药品种	20	
2	农药标签识别	确定标签项目是否齐全、清晰、明确	20	
3	农药外观观察	能根据不同农药剂型的外观判断质量合格否	20	
4	化学鉴定	选择相应的化学鉴定方法判定其质量是否合格	20	
5	问题思考与回答	在整个过程中积极参与,独立思考,回答准确	20	

【归纳总结】

通过本任务的实施,掌握农药的种类、剂型和施用方法,同时掌握了该如何选购到合适的农药。

(1)农药按防治对象　可分为杀虫剂、杀螨剂、杀菌剂、杀鼠剂、除草剂、杀线虫剂、杀软体动物剂等。不同的药剂又可以按照来源分为有机、无机、生物源,不同类药剂按作用方式又可分为不同类型。

(2)农药的常见剂型　有粉剂、可湿性粉剂、乳油、水剂、颗粒剂、悬浮剂、烟剂、种衣剂等,常见的施用方式有喷粉、喷雾、颗粒撒施、涂抹、熏蒸、熏烟、拌种、浸种、泼浇等。

(3)选择合适的农药　可从几方面来考虑,一是根据作物种类、病虫种类、药剂的性质来确定农药的种类。二是选择质量合格的农药,农药质量的判断从农药标签、物理鉴定、化学鉴定三方面来进行。

【自我检测和评价】

1.根据提供的资料,并参考网络资源,请你说明如果温室内的黄瓜发生了霜霉病,可以选择什么农药?

2.如果预计明年蛴螬大发生,你应该选择什么农药,并说明如何选购到优质农药?

【课外深化】

一、农药标签上的标志带分别表示什么?

农药标签下部通常有一条与底边平等的标志带,红色表示杀虫剂或杀螨剂、软体动物剂、昆虫生长调节剂;黑色表示杀菌剂或杀线虫剂;绿色表示除草剂;黄色表示植物生长调节剂;蓝色表示杀鼠剂。农药种类的描述文字镶嵌在标志带上,颜色与其形成明显反差,掌握标志带的意义,有助于我们识别和保管农药,避免误用农药。

二、农药标签上的毒性标志及象形图

1.毒性标识

农药毒性分为剧毒、高毒、中等毒、低毒、微毒五个级别,分别用黑色标识以及红色描述文字来表示。具体见图3-1。

毒性标识,其中"剧毒"、"高毒"字样为红色(由剧毒、高毒农药原药加工的制剂产品,其毒性级别与原药的最高毒性级别不一致时,用括号标明其所使用的原药的最高毒性级别)。

"中等毒"菱形内加X,其中"中等毒"标于图形下方,字样为红色。

"低毒"菱形,内加以低毒字样,其中"低毒"字样为红色。

微毒农药没有毒性标识,仅标以红色"微毒"字样。

图 3-1 毒性标志

2.象形图

农药标签的底部一般印有利于安全使用农药的象形图,由黑白两种颜色印刷,其种类和含义是:

储存象形图:见图3-2。

图 3-2 储存象形图

3.忠告象形图

戴手套;戴防护罩;戴口罩;戴防毒面具;穿胶靴;用药后需清洗(图3-3)。

4.警告象形图

危险/对家畜有害;危险/对鱼有害,不要污染湖泊、河流、池塘和小溪(图3-3)。

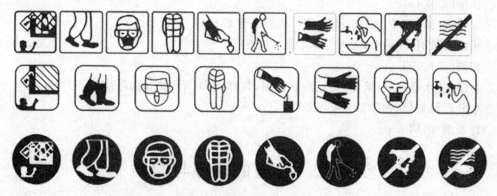

图 3-3 忠告或警告象形图

三、农药的命名方法

1. 农药原药的名称

目前国内常用农药原药名称的命名方法,大体有以下几种:

(1)根据化学名称命名　如硫酸铜、磷化铝等。

(2)根据实验代号命名　如 E-605、4049 等。

(3)根据国外商品名称的音译命名　如敌敌畏是 DDVP 的音译、乐果是 Rogor 的音译、敌杀死是 Decis 的音译等。

(4)根据外国商品名称的意译命名　如氯化苦、七氯等。

(5)根据性质、用途、效果等命名　如杀螟硫磷、多菌灵、敌稗等。我国许多农药的名称,是根据这个原则来命名的。

2. 商品农药的名称

商品农药是一种成分复杂的混合物,它包括农药原药(有效成分和杂质)和辅助剂(溶剂、乳化剂、填料等)两部分。

商品农药的名称,现在用通用名称表示,通常由三部分组成,第一部分是农药的有效成分含量,常用百分浓度表示;第二部分是农药原药的名称;第三部分是剂型的名称。如 1% 苦参碱水剂、2.5% 敌杀死乳油、70% 甲基托布津可湿性粉剂等。商品名称和注册商标名称从 2008 年 7 月 1 日起一律不得使用,根本上杜绝了"一药多名"现象。

四、农药剂型简称

①粉剂(简称 DP)。

②可溶性粉剂或水溶性粉剂(简称 SP)。

③可湿性粉剂(简称 WP)。

④乳油和乳剂(简称 EC)。

⑤微乳剂(简称 ME)。

⑥泡腾片剂(简称 WTD)。

⑦粒剂(简称 G)。

⑧缓释剂[简称 CRF 或 S(slow)RF 或微胶囊剂 CS]。

⑨超低容量剂(简称 ULVA);也称油剂(OS)。

⑩烟剂(简称 SG)。

⑪悬浮剂[水悬浮剂(简称 SC)、油悬浮剂(简称 OF)、干悬浮剂(简称 DF)]。

⑫水分散粒剂(简称 WDG 或 WG)。

⑬种衣剂(简称 FS)。

任务二　农药的稀释与配制

【知识点】掌握农药的浓度表示方法,学会农药稀释的一般计算方法。

【能力点】能够计算田间用药量,并能够根据实际情况配制农药。

【任务提出】

现园艺生产基地有 2 公顷的甘蓝发生了严重的菜青虫,已达防治指标,经过技术人员讨论之后,决定使用 2.5%溴氰菊酯乳油喷雾防治。说明书要求每 667 ㎡用 2.5%溴氰菊酯乳油 20～40 mL,稀释 3 000 倍喷雾,那么我们该购买多少该药剂? 又该如何配制?

【任务分析】

本任务需要我们解决三个问题,一个是计算出合适的药量,一个是正确量取农药,一个是正确配制农药。准确计算用药量并准确量取是有效防治的前提,正确配制农药是有效防治的保障。

【相关专业知识】

一、农药浓度的表示方法

1.农药有效成分用量表示方法

国际上普遍采用单位面积有效成分用药量,即克有效成分/公顷(g(ai)/hm²)表示方法。现在主要是用在科学实验方面标准的表示方法。如我们登记申请的田间试验报告中必须用此种表示方法。

换算公式为:制剂用量=有效成分用量÷制剂含量

例 1.防治每公顷棉花田害虫需要使用有效成分 80 g 氰戊菊酯,如使用 20%含量的氰戊菊酯乳油则需要 80÷20%=400 g,使用含量 25%则需要 80÷25%=320 g。

2.农药商品用量方法

该表示法比较直观易懂,一般表示为 g(mL)/hm² 或 g(mL)/667m²。为现行标签上的主要表示方法。

换算公式为:有效成分用量=制剂用量×制剂含量

换算例子:防治大豆禾本科杂草需用 20%烯禾啶乳油 1 000～1 500 mL/hm² 或 67～100 mL/667m²。

3.百分浓度(%)表示法

是指 100 份农药中含有效成分的份数。如 3%呋喃丹颗粒剂,即表示 100 份这种颗粒剂中含有 3 份呋喃丹有效成分。

4.质量-体积浓度(百万分浓度)表示法

是指一百万份农药中含农药有效成分的份数。用 mg/kg 或 μL/L 表示。如 50 mg/kg 的春雷霉素液表示一百万份药液中含赤霉素 50 份。

5.倍数表示法

是加入农药中的稀释剂量的倍数。如 2.5%溴氰菊酯乳油 2 000 倍液是指 2.5%溴氰菊酯乳油 1 份加水 2 000 份形成的稀释液。倍数法不能直接反映出农药稀释液中有效成分的含量,在应用倍数法稀释农药时,常采用两种方法:一种叫内比法,是指稀释倍数在 100 倍以下时,稀释剂用量应扣除原药剂所占有的份额。如稀释 50 倍液即用原药剂 1 份加水 49 份。稀释倍数在 100 倍以上时采用外比法。计算稀释剂量时不扣除原药所占的 1 份。如稀释 1 000 倍液即可用原药剂 1 份加水 1 000 份。固体制剂加水稀释,用质量倍数;液体制剂加水稀释,如不注明按体积稀释,一般也都是按质量倍数计算的。而且生产上往往忽略农药和水的密度差异,即把农药的密度视为 1。

二、农药量的计算

按有效成分含量计算,通用公式为:

$$原药剂浓度×原药剂重量＝稀释药剂浓度×稀释药剂重量$$

例 1.要配制 0.5％氧乐果药液 1 000 mL,求 40％氧乐果乳油用量?

计算 $1 000×0.5％÷40％＝12.5(mL)$

如果求稀释剂用量而不求稀释药剂用量则可根据:

稀释药剂重量＝原药剂重量＋稀释剂重量,代入上式得:

$$稀释剂重量＝原药剂重量×\frac{原药剂浓度－稀释药剂浓度}{稀释药剂浓度}$$

例 2.用 50％福美双可湿性粉剂 5 kg 配成 2％的稀释液,需加水多少?

根据上述公式计算

稀释剂用量＝$5×(50％－2％)÷2％＝120(kg)$

此法不考虑药剂的有效成分含量,通用公式为:

稀释后药液重量＝原药剂重量×稀释倍数

若稀释倍数在 100 倍以下时,计算稀释剂用量要扣除原药剂所占的份额。公式则为:

稀释剂用量＝原药剂用量×稀释倍数－原药剂用量

例 3.配制 25％多菌灵可湿性粉剂 1 000 倍液,问 2 kg 该药粉需兑水多少?

计算:稀释后药液重量＝$2×1 000＝2 000(kg)$

例 4.配制 40％乐果乳油 50 倍液涂干,问 5 kg 该乳油需兑水多少千克?

计算:稀释剂用量＝$5×50－5＝245(kg)$

例 5.用 50％敌敌畏乳油配制 20 L(一桶喷雾器容量)1 000 倍药液,问需原药液多少 mL?

计算:原药剂用量＝$2 0000÷1 000＝20(mL)$

三、农药的配制

掌握正确的农药稀释方法,对保证药效、防止污染有着重要作用。

1.液体农药的稀释

药液量少时可直接进行稀释 正确的方法是在准备好的配药容器内盛好所需要的清水,然后将定量药剂徐徐倒入水中,用木棍等轻轻搅拌均匀即可使用。若需要配制较多的药液量时,最好采取两步配制法:即先用少量的水将农药原液稀释成母液,再将配制好的母液按稀释比例倒入准备好的清水中,充分搅拌均匀。

2.可湿性粉剂的稀释

采取两步配制法,即先用少量水配制成较为浓稠的母液,然后再倒入盛有水的容器中进行最后稀释。但应注意两步配制所用水量总和要与理论所用水量相等。

3.粉剂农药的稀释

主要是利用填充料进行稀释。先取填充料（草木灰、煤灰、米糠等）将所需的粉剂农药混入搅拌，再反复添加，直到达到所需倍数。

4.颗粒剂农药的稀释

利用适当的填充料与之混合，稀释时可采用干燥的砂土或同性化肥作填充料，按一定的比例搅拌均匀即可。

二次稀释法又称母液法。母液是先按所需药液浓度和药液用量计算出的所需制剂用量，加到一容器中（事先加入少量水或稀释液），然后混匀，配制成高浓度母液，然后将它带到施药地点后，再分次加入稀释剂，配制成需要浓度的药液。与一次稀释法相比，这种方法有效成分分布更均匀，药效更高。

【任务实施】

本任务以开篇提出的任务为例。

一、材料及工具的准备

（1）材料　50%多菌灵可湿性粉剂、2.5%溴氰菊酯乳油。

（2）工具　天平、量筒、移液管（或吸量管）、水桶、玻璃棒（或木棒）、胶皮手套、口罩等。

二、任务实施步骤

（一）正确计算农药用量

以开篇提出的任务为例，依据说明书进行计算。

现园艺生产基地有 2 hm^2 的甘蓝发生了严重的菜青虫，已达防治指标，经过技术人员讨论之后，决定使用 2.5%溴氰菊酯乳油喷雾防治。说明书要求每 667 m^2 用 2.5%溴氰菊酯乳油 30 mL，兑水稀释 3 000 倍喷雾，那么我们该购买多少该药剂？又该如何配制？

制剂用量＝30×15×2＝900 mL

水用量＝900×3 000＝2 700 000 mL＝2 700 kg

（二）正确量取药剂和稀释剂

液体农药可用有刻度的量具如量杯、量筒或用注射器量取，再少可用移液管或吸量管量取；固体和大包装粉剂农药要用秤称取，称取少量药剂宜用克秤或天平秤取；小包装粉剂农药，在没有称量工具时，可用等分法分取，也较为准确（图3-4）。

图3-4　农药量取器具

量取稀释剂时，如果用量较大，可以采用水桶等大型器具。

本任务中可用量筒量取 900 mL 2.5％溴氰菊酯乳油。稀释剂用水，可用带刻度的水桶量取 2700 kg。

（三）农药的配制

由于配制药液量较大，且药剂为乳油，需用二次配制法。配制药液时一定注意安全，要戴好口罩、手套，穿上长衣长裤。

先选一稍大容器，如水盆、水桶，内放入容器约 1/3 左右的水，然后加入量取的药剂，充分搅拌，再加入一定量的水，继续搅拌配制成母液。二次稀释可直接在大型喷雾装置中进行。把母液倒入已放有一定量水的喷雾装置中，搅拌，并使最后用水量之和为 2700 kg，继续充分搅拌。如果施药装置较小，可将药液分几次配制，配制步骤和要求同上。

【任务考核】

任务考核单

序号	考核内容	考核标准	分值	得分
1	药量的准确计算	计算方法正确，结果准确	25	
2	农药和稀释剂的准确量取	药量量取准确，对仪器的使用符合标准	25	
3	农药的正确配制	配制步骤正确，充分搅拌	25	
4	问题思考与回答	在整个过程中积极参与，独立思考，回答准确	25	

【归纳总结】

通过本任务的实施，我们学会了在生产中根据实际需要准确计算农药和稀释剂的用量，并进行正确的量取和配制。

1. 农药和稀释剂的计算

主要根据有效成分含量和倍数法两种方法来计算，也可以根据每亩制剂用量来计算。

2. 农药和稀释剂的准确量取

根据实际情况，如制剂形态、用药量的多少来选择合适的量取器具。

3. 正确配制农药

根据生产要求，制剂形态、用药量的多少，选用正确的配制方法，如果是可湿性粉剂，且用药量较少，可一次稀释。如果是其他剂型，且用药量较大，要采用二次配制法。在配制过程中，要注意充分搅拌，且要求最终稀释剂总用量要与计算结果一致，防止配制的药液浓度过大或过小。

【自我检测和评价】

1. 用 40％乐果乳油，配制 0.05％浓度稀释液 400 kg，求乐果乳油与水的配合比及原药剂的需要量

2. 2.5％代森铵水剂 1 kg，稀释成 0.05％的浓度，需要加多少千克水？

3. 75％百菌清袋装 80 g，稀释倍数为 1 000 倍，1 袋药可以兑多少水

【课外深化】

一、农药混配

(一)农药混配及其优点

将两种或两种以上含不同成分的农药制剂混配在一起施用叫作农药的混用。它包括两种情况,一种是由农药工厂把两种以上的农药混配加工,制成农药混剂,近年来开发的许多新农药多属这种类型;另一种是在田间使用时现混配混用。混配有着单剂使用不具备的优点。

(1)新的增效作用　两种以上的农药复配混用时,各自的致毒作用互相发生影响,所产生的协同效果比其中任何一种单一农药的效果都好。如氧化乐果与敌敌畏混用,其药效大大高于各自的单独防效。同时可以扩大使用范围。

(2)能够防止和克服单独使用某一药物产生抗药性,延长农药品种的使用寿命。

(3)节省劳力,防治及时　能在一次用药中,兼治作物生育期内的两种或多种同时发生的病虫害,使多次重复性田间作业一次性完成。同时降低毒性,减少对天敌的杀伤。

(4)减少用药次数,降低成本　一般说来,在病虫害高发季节,常常是病虫重叠发生,如逐一防治单个病虫,必然使防治次数增加。如利用短长效农药混用,发挥各自的优势。

(二)混配的原则

1.保证混用药剂有效成分的稳定性

首先,混用药剂有效成分之间是否存在物理化学反应。如石硫合剂与铜制剂混用就会发生硫化反应生成有害的硫化铜;再如多数氨基甲酸酯类、有机磷类、菊酯类农药与波尔多液、石硫合剂混用会发生分解。

其次,混用后酸碱性的变化对有效成分稳定性的影响。多数农药对碱性比较敏感,一般不能与强碱性农药混用,反之一般碱性农药不建议与酸性农药混用;另外,部分农药(如高效氯氰菊酯、高效氟氯氰菊酯等)一般只在很窄的 pH 范围(4～6)稳定,不适合与任何过酸或过碱性药剂混用。

再次,值得注意的是大多数农药品种不宜与含金属离子的药剂混用。如甲基硫菌灵与铜制剂混用则会失去活性。

2.保证混用后药液良好的物理性状

任何农药制剂加工一般只考虑该制剂单独使用的物理性状标准,而不可能保证该药剂与其他各种药剂混用后各项技术指标的稳定。因此,药剂混用后应注意观察是否出现分层、浮油、沉淀、结块以及乳液破乳现象,避免出现降低药效甚至发生药害事故。

3.保证有效成分的生物活性不降低

某些药剂作用机制相反,两者相互混用则会产生拮抗作用,从而使药效降低甚至失效。如阿维菌素与氟虫腈作用机理相反,其中阿维菌素是刺激昆虫释放 r-氨基丁酸,而氟虫腈则阻碍昆虫 r-氨基丁酸的形成,应避免混用;又如定虫隆(抑太保)、氟虫脲(卡死克)等昆虫几丁质合成抑制剂(阻碍蜕皮)不能与虫酰肼(雷通)等昆虫生长调节剂(促进蜕皮)进行混用。

4.保证混用后对人畜、有益生物及作物安全,药液浓度在农作物承受范围之内

多种药剂混用直接造成药液整体浓度提高,特别是在高温季节则大幅度增加药害的可能性。部分农户相互混用药剂甚至多达六七种之多,有的甚至用相同有效成分的药剂相互进行混用,则很可能出现药害现象。

(三)混配的注意事项

①农药混配顺序要准确,在多种农药或农药与叶面肥混配时,加入时是有一定先后顺序的,通常为:叶面肥、可湿性粉剂、悬浮剂、水剂、乳油依次加入,每加入一种即充分搅拌混匀,然后再加入下一种。

②先加水后加药,进行二次稀释。

③配药后立即喷用,防治发生化学反应或产生药害。

④进行混配小实验,为了安全起见,混配不能发生不良化学反应,必要时先用少量的药液进行混配实验,如果出现沉淀、变色、强烈刺激气味、大量泡沫的情况,切忌一定不要再进行混配,更不能喷施到作物上,以免出现烧叶、果实产生果锈等不良情况的发生。

二、农药混配时的计算

(一)共防相同目标时的"减量"

是混用药防治病虫害时极常用的手段。因共防相同目标,理应药力互助,在配制手法上通常是按平分的相加作用的规则。即二混时,各自保持原用药量的一半;三混时,照此类推。如防治甜椒灰霉病时,用50%多菌灵可湿性粉剂1 000倍液与50%扑海因可湿性粉剂2 000倍液的混配施用。在配制上,参混农药用量都为原用量的一半,(单防时多菌灵用500倍液,扑海因用1 000倍液)。但在明显增效作用下还可"再减量"。如防治水稻褐飞虱,每亩用25%扑虱灵可湿性粉剂10 g+10%叶蝉散可湿性粉剂100克混配施用。在配制上,参混农药量都明显低于半量,更能体现增效作用(单防时扑虱灵用25~30 g,叶蝉散用250 g)。

(二)兼治不同目标时的"各量"

也是混用药防常治病虫害常采用的手段。依据病虫草害同期混生实情,确认同治目标,选用混用药防。由于各防各自目标,理应保持各自的有效防治用量(即"各量")的规则。如黄瓜真菌性霜霉病和细菌性角斑病混生时,用40%乙膦铝可湿性粉剂250倍液+50%琥胶肥酸铜可湿性粉剂500倍液混配施用。虽同属病害类,但分不同病原。故乙膦铝与琥胶肥酸铜就各防各自目标,而在配制上,必定是各用"各量"。(单防时乙膦铝用250倍液,琥胶肥酸铜用500倍液)。再如苹果落花后的白粉病、斑点落叶病、叶螨等混生病虫时,用15%粉锈灵可湿性粉剂1 000~1 500倍液+10%多氧霉素可湿性粉剂1 500倍液+1.8%阿维菌素5 000倍液混配施用。

三、农药配制时稀释剂的选择

乳油、水剂、可湿性粉剂等农药商品,选用优良稀释配置稀释液,能够有效地提高其乳化和湿展性能,减少乳化剂和湿展剂的在施用过程中分解量,提高药液的质量。在实际配制过程中,常选用含钙、镁离子少的软水(或是其他稀释剂)来配制药液,乳化剂、湿展剂及原药易受钙、镁离子的影响,发生分解反应,降低其乳化和湿展性能,甚至使原药分解失效。因此,用软水配制液体农药,能显著提高药液的质量。值得注意的是不要用污水配药,污水内杂质多,用以配药容易堵塞喷头,还会破坏药剂悬浮性而产生沉淀;二、不要用井水配药,井水含矿物质较多,这些矿物质与农药混合后易产生化学作用,形成沉淀,降低药效。

任务三　农药的合理安全施用

【知识点】掌握的毒性、中毒表现,常见药害的表现。
【能力点】能够选择安全农药,能够解救常见药害。

【任务提出】

化学农药的使用,可以说开辟了病虫害防治的新纪元,它以其速效、高效、施用方便、便于机械化生产和易于贮藏等优点,迅速崛起,并在全世界广泛使用,它为人类的农业生产带来了可观的经济效益。但是,随之着农药的大量使用,也给人们带来了意想不到的灾难,环境污染,天敌死伤,威胁人类的健康,同时同于抗药性的产生而造成一些病虫害的再猖獗。随着人们环保观念和健康意识的增强,农业生产中如何科学、安全、有效地使用农药已经提到了必要的日程。那么如何做到安全合理使用农药,还我们一个青山绿水的家园?

【任务分析】

农药的安全主要涉及三方面:对环境的安全,对人畜和天敌的安全,对作物的安全。那么,我们就来看一看,农药到底有哪些安全隐患,又该如何避免呢?

【相关专业知识】

一、农药中毒及预防

(一)农药的毒性

农药毒性是指农药对非靶标生物(包括人、畜、家禽、水生生物和其他有益生物等)产生的毒害作用。当农药进入人、畜体内的量超过人、畜的最大耐受量,就会表现出一系列的中毒症状。

1.急性毒性

是指农药一次经口(或皮肤或呼吸道)进入动物体内,迅速表现出中毒症状的毒性。如剧毒有机磷农药的急性中毒症状表现:开始恶心、头痛,继而出汗、流涎、呕吐、腹泻、瞳孔缩小、呼吸困难,最后昏迷甚至死亡。轻度中毒一般在24小时内出现头晕、头痛、恶心、呕吐、多汗、胸闷、视力模糊、无力、瞳孔可能缩小等症状。中度中毒除较重的上述症状外,还有肌束震颤、瞳孔缩小、轻度呼吸困难、流涎、腹痛、腹泻、步态蹒跚、意识清楚或模糊。重度中毒可还能出现肺水肿、昏迷、呼吸麻痹、脑水肿等现象。

2.亚急性毒性

即在三个月以上较长时间内经常接触或连续服用一定剂量的农药后,最后导致人、畜发生与急性中毒类似症状的现象。

3.慢性毒性

指长期(一般指6个月以上)服用或接触少量药剂后,逐渐引起内脏机能受损,阻碍正常生理代谢而表现出中毒症状。主要引起致癌、致畸、致突变。有些化学性质稳定，脂溶性高的农药，如有机氯杀虫剂，通过食物链的相互转移，最后积累在人体内，造成慢性累积中毒。

(二)农药中毒的简易解救

去降农药污染源，防止农药继续进入人体内，是急救中毒最先采用的措施。

1.经皮引起中毒者

应立即脱去被污染的衣裤，迅速用温水冲洗干净，或用肥皂水冲洗(敌百虫除外)，或用4％碳酸氢钠溶液冲洗被污染的皮肤；若药液溅入眼内，立即用生理盐水冲洗20次以上，然后滴入2％可的松和0.25％氯霉素眼药水，疼痛加剧者，可滴入1％～2％普鲁卡因溶液，严重立即送医院治疗。

2.吸入引起中毒者

立即将中毒者带离施药现场，移至空气新鲜的地方，并解开衣领、腰带，保护呼吸畅通，除去假牙，注意保暖，严重者立即送医院治疗。

3.经口引起中毒者

在昏迷不清醒时不得引吐，如神志清醒者，应及早引吐、洗胃、导泄或对症使用解毒剂。

初步处理后，根据需要采取必要的治疗措施，如输液、输血、心脏复苏等。

二、农药的药害及解救

(一)药害的种类

农药药害是指因农药使用不当引起植物产生的各种异常反应，常常造成作物生长不利，产量降低或品质变劣。根据药害发生的速度和时期，药害可分为急性药害和慢性药害。

1.急性药害

在施药后短期内即表现出异常现象的药害，叫急性药害。如在叶部斑点、焦灼、失绿、畸形、落叶；在果实上果斑、锈果、落果；种子受药害后表现为发芽率降低或不出芽；根系发育不正常或形成黑根、鸡爪根等，全株受害表现生长迟缓、矮化、茎叶扭曲，严重的可使植株枯死。

2.慢性药害

在施药后经过较长时间才表现出症状的药害，叫慢性药害。慢性药害常由于作物的生理代谢受到影响引起，表现为营养不良、抑制生长、植株矮小，开花结果延迟等。慢性药害一旦发生，一般是很难挽救的。

3.残留药害

使用长效农药后，农药残留于土壤、秸秆或堆肥中，对下茬敏感作物产生的不良影响称为残留药害。

(二)药害产生的原因

1.药剂种类选择不当

如波尔多液含铜离子浓度较高，多用于木本植物，草本花卉由于组织幼嫩，易产生药害。石硫合剂防治白粉病效果颇佳，但由于其具有腐蚀性及强碱性，用于瓜叶菊等草本花卉时易产生药害。另外，有些园艺植物性质特殊，即使正常使用情况下，也易产生药害。如樱花等对敌敌畏敏感，桃、梅类对乐果敏感，桃、李类对波尔多液敏感等。此外，农药产品质量低劣，如乳油分层、湿润性和乳化性不良，粉粒过粗等，以及施药技术差，如雾滴过大，喷粉分布不匀，混用农药不合理,稀释用水的质量不好等都能引起药害。

2.用药时期不当

植物的苗期、花期和幼果期由于长势弱、抗性差、耐药力较弱,所以容易产生药害。

3.施用技术不当

如混用不当、浓度过高、用药量过大,或施用方法不当,都容易产生药害。

4.环境影响

高温、雾重及相对湿度高时易产生药害。温度高会增加农药的化学活性和植物的代谢作用,使药剂容易侵入植物组织引起药害;湿度大时,有利于药剂的溶解和侵入植物体而发生药害。例如波尔多液在多雾、阴潮的雨天或露水大的气候条件下施药就容易发生药害。

(三)药害的解救

1.去除残留农药

对于喷雾产生的药害,可反复喷洒大水2～3次,尽量把植株表面上的药物冲洗掉,还可在喷洒的清水中加入0.2%的碱面或0.5%的石灰水,由于目前大多数农药遇到碱性物质易分解减效,因此可加快药剂的分解。同时喷清水增加了作物细胞中的水分,稀释了作物体内的药液浓度,也可减轻作物药害。对于根部施药产生的药害,可在初期立即排水露田,然后采用间隙灌溉,减少农药残留残毒,从而减轻药害程度。

2.追施速效氮肥

对叶面病斑、叶缘焦枯或植株黄化等症状的药害,可根据土壤肥力和作物长势状况,每 $667 m^2$ 施尿素 $5～12kg$,还可适当增施磷钾肥,补充植株营养,并结合中耕松土,促进根系发育,增强植株抗药能力,对受药害较轻的种芽、幼苗效果极为明显。

3.去除受害严重部位

在果树上采用灌注、注射、包扎等方法施药过量、过浓而发生药害时,应将受害较重的树枝迅速剪除,以免药剂继续传导和渗透,并要及时灌水,防止药害继续扩大。

4.喷缓解药害的药物

对造成作物药害的药物,有针对性地喷洒能缓解该药物的药剂,可减轻药害损失。例如,氧化乐果、对硫磷等农药对作物产生药害,可在受害作物上喷0.2%的硼砂溶液缓解;油菜、花生秧苗受到多效唑抑制过重,生长停滞,可及时喷施0.05%的"九二〇"溶液,能迅速恢复作物正常生长;硫酸铜、波尔多液引起的作物药害,可喷施0.5%的石灰水缓解药害。

三、农药残留及对环境的污染

(一)农药残留

农药残留是指一部分化学性质稳定的农药施用后,在一个时期内没有分解,残存于收获物及环境(土壤、水源、大气)中的农药及其有毒衍生物。带有残毒的农产品,如被人畜取食,经过一定时期的积累,就会引起慢性中毒。

农药除喷布在植物体上外,大部分落在土壤中,一小部分漂浮于空气中。空气中的农药可由降雨而进入土壤、水域;而土壤中的农药有的可能被植物吸收,有的随雨水冲刷进入水域。农药不断在自然界中运转就污染了土壤、水域等自然环境。农药通过大气飘浮或其他途径可以传送到很远的地方。例如从未用过农药的南极企鹅与海豹体中均检测出含有微量的滴滴涕。

(二)农药残留的治理

①制定农药的禁用和限用规定。

②制定农药允许残留量。农药允许残留量也称农药残留限度。农产品上常有一定数量的农药残留,但其残留量有多有少,如果这种残留量不超过某种程度,就不致引起对人的毒害,这个标准叫农药允许残留量。

联合国粮农组织(FAO)和世界卫生组织(WHO)对于农药在农产品与食品上的允许残留量都有一些规定,推荐给各国参考采用。

③制定使用农药的安全间隔期。农药施于作物上,会由于风吹、雨淋、日晒及化学分解而逐渐消失,但仍会有少量残留在作物上,因此规定在作物上最后一次施药离收获的间隔天数,即安全间隔期。

④发展高效、低毒、低残留的农药。作为一种理想农药的发展方向应该向与环境相容方向发展。对靶标生物的活性强,对非靶标生物的毒性低。例如吡虫啉、抗蚜威等以及昆虫几丁质合成抑制剂,生物制剂如苏云金杆菌、苦参碱、灭幼脲等。

⑤选择合适的施用技术。根据农药性质、有害生物发生规律、天敌消长规律选择合适的施用方法和施药时期。如乐果防治蚜虫可尽量选用涂抹法。

四、农药对有益生物的伤害

(一)农药对害虫天敌的影响

在自然界中,一些捕食性与寄生性天敌对控制害虫起着重要的作用。在应用农药防治害虫的过程中,由于杀伤了天敌,可能造某些害虫严重发生。有不少广谱杀虫剂,使用初期能迅速杀死大量害虫,收到良好的防治效果,但经过一定时期后,由于抗药性的产生,反会引起害虫再增猖獗,特别是蚜虫、螨、介壳虫、叶蝉等繁殖很快的害虫。

(二)农药对传粉昆虫的影响

蜜蜂和其他传粉昆虫能帮助多种植物授粉,对花卉类生产起着重要作用。但是蜜蜂对多数农药是敏感的,施药如不注意,就会引起蜜蜂大量死亡。

(三)农药对鱼、贝类及其他有益生物的影响

鱼贝类对农药是非常敏感的,鱼贝类的生存、繁殖所需的水质条件范围非常窄,如果农药使水质发生变化就会对鱼类产生毒害。

【任务实施】

一、材料及工具的准备

(1)材料　常见农药。

(2)工具　喷雾器、天平、量筒、移液管(或吸量管)、水桶、玻璃棒(或木棒)、胶皮手套、口罩等。

二、任务实施步骤

(一)选择适合的农药品种

农药的种类很多,各种药剂都有一定的性能及防治范围,在施药前,应根据防治的病虫种类、发生程度、发生规律、作物种类、生育期选择合适的药剂和剂型,做到对症下药,避免盲目用药。尽可能选用安全、高效、低毒的农药。一般来说杀虫剂只能杀虫而不能防治病害,杀菌剂只能防治病害而不能杀虫,除草剂用来消灭杂草,对害虫和病害都无效。每种药剂都有各自的防治对象,有的药剂使用范围广一些,有的使用范围窄一些,绝没有"万能灵药"。例如敌百虫对黄曲条跳甲、菜青虫效果好,对蚜虫效果差;波尔多液防治对象的范围很广,却难以防治葡萄白腐病;有些药剂的防治对象范围非常窄,如抗蚜威只用于防治蚜虫类,灭蝇胺只用于防治潜叶蝇。因此我们应充分了解农药的有效防治对象,做到对症下药,才能充分发挥农药的药效。

另外,有些作物对农药比较敏感,选择农药时要慎重。如桃、杏、梅对乐果敏感。

(二)选择适宜的施药时期

适时施药是防治病虫害的关键。要做到这一点,必须了解病虫害的发生规律,做好预测预报工作,选择在病虫最敏感的阶段或最薄弱的环节进行施药才能取得最好的防治效果。通常在病虫发生的初期施药,防治效果较为理想。因为这时病虫发生量少,自然抵抗力弱,药剂容易将其杀死,有利于控制其蔓延危害。首先,要在调查研究和预测预报的基础上,掌握病虫发生的规律及薄弱环节进行施药。其次,要根据寄主植物的生育期及生长状况选择施药时机。最后,要考虑气象条件及环境条件对药效的影响来选择适宜的时机施药。

(三)选用合适的施药方法

采用正确地使用农药方法能充分发挥农药的防治效果,还能减少对有益生物的杀伤和农药的残留,减轻作物的药害。病虫为害,传播的方式不同,就要选择恰当的施药方法才能有效。例如,防治地老虎、蛴螬、蝼蛄等地下害虫,应考虑采用撒施毒谷、毒饵、毒土、拌种等方法;防治气流传播的病害,就应考虑采用喷雾、撒粉或采用内吸剂拌种等方法;防治种子或土壤传播的病害,则可考虑采用种子处理或土壤处理等方法。农药剂型不同,使用方法也不同,如粉剂不能用于喷雾,可湿性粉剂不宜用于喷粉,烟剂要在密闭条件下使用等。防治一些蚜虫可以采用涂抹法,减少对天敌的伤害。

(四)准确掌握用药量和用药次数

主要是指准确地控制药液浓度、单位面积用药量和用药次数。不宜任意加大或减少。使用农药的药量一定要称量准确,要像给病人吃药那样,不能随意增加或减少。有的人防治病虫害心切,往往随意加大药量与喷药次数,这不仅会浪费药剂,还可能出现药害,加重残留污染,杀伤天敌,甚至容易引起人、畜中毒事故。低于防治需要的用量标准,又达不到防治效果。

(五)轮换用药

长期使用一种农药防治某种害虫或病害,易使害虫或病菌产生抗药性,降低农药防治效果,增加防治难度。例如很多害虫对拟除虫菊酯类杀虫剂,一些病原菌对内吸性杀菌剂的部分品种容易产生抗药性。如果增加用药量、浓度和次数,害虫或病原菌的抗药性进一步增大。因此,应合理轮换使用不同作用机制的农药品种。

(六)合理混用农药

将两种或两种以上的对病害、虫害具有不同作用机制的农药混合使用,可以提高防治效果,甚至可以达到同时兼治几种病虫害的防治效果。扩大了防治范围,降低防治成本,延缓害虫和病菌产生抗药性,延长农药品种使用年限。

(七)注意农药使用安全,防止农药中毒

①选择身体健康的青壮年担任施药人员。凡体弱多病如高血压、皮肤病、结核病患者、皮肤伤口未愈合者,药剂过敏者和孕期、经期、哺乳期的妇女等不能参加该项工作。

②用药人员必须做好安全防护措施。配药、喷药时应穿戴防护服、手套、风镜、口罩、防护帽、防护鞋等标准的防护用品。

③喷药前应仔细检查药械,如有毛病,应先修好再用。喷药过程中如果发生堵塞,应先用清水冲洗,然后再排除故障,不要用嘴吹喷头及滤网。

④合适天气施药。不在高温和大风天气施药,有微风的情况下,工作人员因站在上风头,顺风喷洒,风力超过4级时,停止用药。

⑤配药、喷药时,不能谈笑打闹、吃东西、抽烟、用手擦眼睛等。如果中间休息或工作完毕时,需用肥皂洗净手脸,工作服也要洗涤干净。

⑥注意施药作业时长。施药人员,每次喷药时间不要超过6 h,在喷药过程中,如稍有不适或头痛目眩时,应立即离开现场,寻一通风阴凉处安静休息,如症状严重,必须立即送往医院,不可延误。

⑦禁用剧毒和高毒农药。尽量选用高效、低毒或无毒、低残留、无污染的农药品种。施药后做好安全警示标志。施药时期确定时要充分考虑安全间隔期。

【任务考核】

任务考核单

序号	考核内容	考核标准	分值	得分
1	选择农药品种	能根据实际任务选择合适农药品种	20	
2	选择施药时期	根据实际情况确定施药时期	20	
3	选择施药方法	根据实际情况确定施药方法	20	
4	确定施药量	根据实际情况确定单位面积施药量和施药次数	20	
5	安全使用农药	能说明注意事项,做好安全防护	10	
6	问题思考与回答	回答准确,语言简练	10	

【归纳总结】

通过本任务的实施,我们学会了在农药使用过程中,如何安全合理地使用农药。

1.选择合适的农药品种。

2.选择合适的施药时期。

3.选用合适的施药方法。

4. 准确掌握用药量和有药次数。

5. 轮换用药。

6. 合理混用农药。

7. 注意农药使用安全,防止农药中毒。

【自我检测和评价】

1. 据调查,园艺实训基地的温室大棚内 5 月 20 日左右,黄瓜刚好开始结果,发生了黄瓜霜霉病,请按照农药合理使用的要求,制定一个化学防治方案。

2. 果园内的苹果梨发生了严重的黑星内,该如何防治?

3. 请根据实际情况,制定一个农药安全使用的方案,可以拓展到农药的保管等。

【课外深化】

一、农药中毒的途径

在使用农药时,以皮肤进入为主,口和呼吸道进入次之,此外,农药也可以从眼睛进入人体造成中毒。

1. 经皮肤进入人体

使用农药时,有效成分被人体吸收的绝大部分是通过皮肤渗透,称为经皮毒性。皮肤上如有伤口,情况就更严重。乳油和油剂比乳状水液,通过皮肤渗透速度快得多。因此,当量取乳油或油剂并配制药液时,操作应十分小心,手和胳膊不要黏附这种高浓度药液。眼睛部分最容易吸收药剂并渗透到体内,手掌部分相对地吸收较慢。皮肤接触药剂的面积大小和时间长短,也是重要因素,接触面积越大,时间越长则吸收越多。

2. 经呼吸道进入人体

熏蒸剂或其他易挥发的药剂,吸入毒性比口服毒性大得多。在密闭或相对密闭的空间里进行农药操作,是大量吸入农药的主要原因。

3. 经口进入人体

在正常的农药操作中,通过口部进入消化道一般很少发生。但其农药口服毒性常比经皮毒性要大 5～10 倍,一般常发生于不当操作情况下:如进行操作时或农药操作后未经洗手、洗脸就吸烟、吃食物、喝水;喷雾器喷头堵塞时用嘴去吹;用农药污染的手或手套擦脸上的汗;未过安全间隔期的农作物等被人们误食、误用;大风天气施药或迎风施药药剂等。经口中毒的农药剂量一般较大,不易彻底清除,往往中毒较严重,危险性更大。

二、农药毒性分级

为了比较农药对高等动物急性毒性的高低,常用致死中量(LD_{50})来表示,致死中量(LD_{50})是指将一群试验动物(大白鼠、小白鼠、兔等)毒死一半所需的药量。为了统一标准,折算成动物每千克体重所需药剂的毫克数。它的单位是 mg/kg。

按照农药致死中量的大小,可将农药的毒性划分为三级:高毒、中毒、低毒(表 3-1)。

表 3-1　农药急性毒性分级暂行标准　　　　　　　　　　mg/kg

给药途径	Ⅰ（高毒）	Ⅱ（中毒）	Ⅲ（低毒）
LD_{50}（大白鼠经口）	<50	50~500	>500
LD_{50}（大白鼠经皮 24 h）	<200	200~1 000	>1 000
LD_{50}（大白鼠吸入 1 h）	<2	2~10	>10

任务四　田间药效试验

【知识点】农药田间药效试验的条件、施药方法、调查方法、统计方法等。

【能力点】能够正确开展田间药效试验项目，正确调查并对调查结果进行准确分析。

【任务提出】

现某农药厂新生产出一种农药，我们想要确定其对防治对象的效果如何，除了进行室内实验外，还需要在田间自然条件下开展田间药效试验，这样才能准确反映出其在自然环境中效果如何，那么一般的农药田间药效试验该如何开展呢？

【任务分析】

要正确开展农药的田间药效试验，得到一个可靠而准确的结果，需要考虑几方面的问题：农药方面，需要确定合适的农药品种，施药剂量、施药次数、施药时期、施药方式等；小区选择：要选择有代表性的生产区、合适的小区形状、面积和排列方式；调查和结果分析：要求根据不同的作物，不同的病虫害和药剂特性来选择合适的调查取样方法和合适的结果计算与分析方法。

【相关专业知识】

一、农药田间药效试验设计

（1）选地　选择地力、田间管理水平、植物品种等一致，病虫害发生有代表性的绿地进行试验。如果这种试验条件的地块确实无法找到，可以运用局部控制。

（2）设置重复　小区试验，每项处理设 3~4 次重复，以减少试验误差。

（3）设置对照区和保护行　对照区通常分空白对照区和标准对照区两种。空白对照区设计的目的是获得农药新品种的真实防治效果；标准对照区是以当地常用农药或目前防治效果最好的农药作为标准药剂对照。化学除草药效试验应设人工除草和不除草作对照。

（4）采用随机排列　可减少重复之间的差异。常用的随机排列法有对比法设计、随机区设计、拉丁方设计及裂区设计等。

二、防治效果计算

1. 杀虫剂药效试验结果的统计

$$害虫死亡率或虫口减退率 = \frac{防治前活虫数 - 防治后活虫数}{防治前活虫数} \times 100\%$$

对自然死亡率高、繁殖力强的害虫,如蚜虫、螨类等,为反映真实药效,须作校正。

$$校正死亡率或校正虫口减退率=\frac{防治区虫口死亡率-对照区虫口死亡率}{1-对照区虫口死亡率}\times100\%$$

对于地下害虫或钻蛀性等隐蔽为害的害虫,由于不易观察到死虫体,一般用被害减少率表达防治效果,公式为

$$被害率=\frac{作物被害单位数}{调查总单位数}\times100\%$$

$$被害减少率=\frac{对照区被害率-处理区被害率}{1-处理区被害率}\times100\%$$

2.杀菌剂药效试验结果的统计

$$发病率=\frac{发病苗(果或株)数}{调查苗(果或株)数}\times100\%$$

$$病情指数=\frac{\sum[各级病株(叶)数\times发病级别]}{调查总株(叶)数\times最高级别}\times100$$

$$相对防治效果=\left(1-\frac{防治区病情指数或发病率}{对照区病情指数或发病率}\right)\times100\%$$

若检查杀菌剂的内吸治疗效果,则以实际防治效果表示:

$$实际防治效果=\left(1-\frac{防治区病情指数增长值}{对照区病情指数增长值}\right)\times100\%$$

其中,病情指数增长值 = 检查药效时的病情指数 - 施药时的病情指数。

3.除草剂药效试验结果的统计

$$除草效果=\left(1-\frac{施药区杂草株数或鲜重}{对照区杂草株数或鲜重}\right)\times100\%$$

三、田间药效试验报告的撰写方法

(1)试验名称、试验单位、执行人。

(2)试验目的　包括当时有关试验项目研究的概况和存在的问题。要有针对性,明确通过试验应解决哪些问题。

(3)试验条件　包括试验对象、作物和品种的选择;环境和设施栽培条件。

(4)试验设计和安排　①试验药剂的通用名称、含量、剂型、生产厂家等,药剂用量及编号;对照药剂的通用名称、含量、剂型、生产厂家等,药剂用量及编号;②小区安排,包括小区排列、小区面积和重复;③药剂施用:包括施药方法、施药器械、使用时间和次数、使用容量、防治其他病虫害的药剂资料,此处要求详细,应与当地农业生产实践相适应。

(5)调查、记录和测量方法　①气象资料。②调查方法、时间和次数、药效计算方法。③对作物的直接影响。如记录药害类型和程度,对作物有益影响。④产品的质量和产量。⑤对其他生物影响:包括对其他病虫害的影响,对其他靶标生物的影响。

(6)试验结果和分析　包括防治效果、药害等情况。这是试验总结报告的主要部分,应按照试验目的,分段叙述,力求文字简明扼要,正确客观的反映试验结果,尽量用图表、数据

表示。

（7）讨论　根据试验结果,讨论、评价并做出必要的解释,指出实用价值、存在问题和今后的意见、设想。

（8）结论　对全部试验进行简要的总结,提出主要的结论和看法。结论一定要明确、不可似是而非,模棱两可。

【任务实施】

一、材料及工具的准备

（1）材料　病虫危害地块或药效试验地、记号牌、标签、记录本、参与药效农药和对照药剂。

（2）工具　施药设备、安全防护用具。

二、任务实施步骤

（一）试验前准备

试验前准备好相应的药剂、施药器械、安全防护物资等试验材料;制定具体的试验方案。

（二）试验地选择与小区设计

（1）试验地选择　应选择土质、地力、前茬、作物长势等均匀一致,防治对象严重、分布均匀等有代表性的田块做试验地,除试验处理项目外,其他田间操作必须完全一致。

（2）面积和形状　试验地的大小,依土地条件、作物种类及栽培方式、有害生物的活动范围及供试药剂的数量等因素决定。一般试验小区面积在 $15\sim50$ m^2,成年果树每小区 $2\sim10$ 株。小区形状以长方形为好,正方形适合于拉丁方排列。大区试验田块需 $3\sim5$ 块以上,每块面积在 $300\sim1\ 200$ m^2。

（3）小区设计　小区设计应用最为广泛的方法是随机区组设计。将试验地分为几个大区组,每一大区试验处理数目相同,即为一个重复区。在同一重复区内每一处理只能出现一次,并要随机排列,可用抽签或随机数字表法决定各处理在小区的位置。

（4）设置保护区　在试验区四周设保护区,保护区宽度可根据试验地面积、试验植物种类来确定。田间设计图可参考图 3-5。

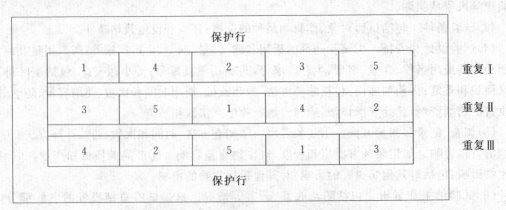

图 3-5　5 个处理 3 次重复的随机区组排列

(三)小区施药作业

(1)插标牌 小区施药前,要插上处理项目标牌,并规定小区施药的先后顺序。若为喷雾法施药通常是先喷清水的空白对照区,然后是药剂处理区;如果是不同剂量(浓度)的试验,应从低剂量(浓度)到高剂量(浓度)顺序。

(2)检查药械 在试验施药前,要使用药器械处于完好状态,并用清水在非试验区试喷,力求做到一次均匀喷完。

(3)量取药剂 要用量筒或天平准确的量取药剂,并采用二次稀释法稀释药液。

(4)施药作业 施药方法应与科学的农业实践相适应,采用常用器械施药,保证药量准确,分布均匀。如果是喷雾,使用的药剂要做到正反面均匀周到,否则会直接影响药效结果。施药的时间和次数应根据试验药剂的种类、理化性质、生物活性等特点以及作物生长特点,病虫害发生规律,自然环境因素和试验的具体要求等来决定。在试验中另一点值得注意的是:如果对非靶标生物要使用其他药剂处理,应对所有的试验小区(包括空白对照)进行均一处理,且要与试验药剂和对照药剂分开使用,尽量使用作用方式不同的药剂,使其干扰因素保持在最低程度,并在试验报告中提供这类施药的准确记录。

整个施药作业应由一人完成。如果小区多,需几人参加,则必须使用同型号的喷雾器并在压杆频率、行进速度等方面尽量一致,喷洒的药液量视被保护作物种类及生育期或植株大小来决定,一般在 $300 \sim 900 \ L/hm^2$。

(四)田间药效调查

在一般情况下,施药前应作一次基数调查,施药后隔一定时间进行药效调查,应根据试验的要求和药剂的特点、持效长短来决定调查时间。

1.调查时间

(1)杀虫剂药效试验 通常用虫口减退率或害虫死亡率来表示。一般在施药后 1 d、3 d、7 d各调查 1 次。

(2)杀菌剂药效试验 分别在最后 1 次喷药后 7 d、10 d、15 d 调查发病率和病情指数。

(3)除草剂药效试验 苗前使用的除草剂应在空白对照区杂草出苗时进行调查,苗后除草剂应在施药后 10 d、20 d、30 d 各调查 1 次。

2.调查方法

杀虫剂以及杀菌剂的田间药效调查取样方法与病虫害的田间调查方法相同,除草剂以对角线取样法各取 $3 \sim 5$ 点,每点不少于 $1 \ m^2$。

(五)防治效果计算

根据试验目的和试验种类,按照计算公式计算出防治效果。

(六)结果整理与分析并撰写试验报告

试验结束后,将原始记录和数据归纳、整理,得出结论,并对结果的实用性加以讨论,然后按照试验报告的项目完成试验报告,要求数据要翔实准确,结果要中肯,不得按照自己的想法或试验单位的要求私自撰改试验结果。可参考表 3-2。

表 3-2　XX XX 田间药效试验结果

药剂处理	药后__天		药后__天		药后__天		药后__天	
	防效/%	差异显著性	防效/%	差异显著性	防效/%	差异显著性	防效/%	差异显著性

注:上表中的防效为各重复平均值。

【任务考核】

任务考核单

序号	考核内容	考核标准	分值	得分
1	试验前准备	能按试验要求和目的准备全部试验材料和用具	10	
2	试验地选择	根据试验要求确定试验田块相应要素	15	
3	小区设计	根据试验要求进行小区设计	15	
4	施药作业	完成插标牌 检查药械 量取药剂 施药作业等	15	
5	药效调查	能正确确定调查时间和调查取样方法	15	
6	防治效果计算	根据调查数据准确计算防治效果	15	
7	结果分析报告撰写	对计算结果准确分析,并得出结论,形成报告	15	

【归纳总结】

圆满完成农药田间药效试验,需要注意几方面的问题。

(1)充分做好试验前的各项准备工作。

(2)正确选择试验田块及试验地的面积和形状,做好小区设计,常见的为随机区组设计。

(3)施药作业前要插好标牌,检查药械是否处于完好状态,准确量取药剂,在施药过程中要做到各小区处理一致,喷雾施药要均匀周到。

(4)调查时间的选择要根据药剂特性、防治对象而有针对性地选择,调查方法也要有一定的针对性。调查数据一定要准确,不能估计,加以妥善保存,防止丢失。

(5)根据调查数据准确计算出调查结果,并形成一个正确客观的结论,要公正,不得有倾向性。

【自我检测和评价】

(1)某一公园的茶花发生炭疽病 调查发现健康的有 5 株,二级的有 20 株,三级的有 10 株,四级的有 5 株。请计算出该公园茶花炭疽病的病情指数。(调查时病害分为五级)。

(2)果园内用 50%桃小一次净防治桃小食心虫,施药后 3 天调查,对照区和处理区分别调查 300 个果,其中对照区被害果为 75 个,处理区虫果为 18 个,请计算被害率和被害减少率?

【课外深化】

一、田间药效试验类型

(1)农药品种比较试验 农药新品种在投入使用前或在当地从未使用过的农药品种,需要做药效试验,为当地大面积推广使用提供依据。

(2)农药剂型比较试验 对农药的各种剂型做防治效果对比试验,以确定生产上最适合的农药剂型。

(3)农药使用方法试验 包括用药量、用药浓度、用药时间、用药次数等进行比较试验,综合评价药剂的防治效果,以确定最适宜的使用技术。

(4)特定因子试验 研究不同环境条件对药效的影响、药害、农药混用等问题进行的试验。

二、田间药效试验的程序

(1)小区试验 农药新品种经室内测定有效后,在田间开展药效试验确定其有效性,须进行小区试验。

(2)大区试验 小区试验认为有效果后,选择有代表性的生产地区,扩大试验面积,即为大区试验,目的是进一步考察药剂的适用性。

(3)大面积示范试验 多点大区试验的基础上,选用最佳的剂量、施药时期和方法进行大面积示范,以便对防治效果、经济效益、生态效益和社会效益进行综合评价,并提出可供推广应用的可行性建议。

三、调查取样的依据

在一般情况下,施药前应作一次基数调查,施药后隔一定时间进行药效调查,应根据试验的要求和药剂的特点、持效长短来决定调查时间,在报告资料中要说明调查方法、次数及调查时间。例如:速效性好和持效期长的药剂,调查时间就不能相同,后者就应该延长调查时间并增加调查次数。每点取样数目应视病虫发生情况、分布类型及作物种类不同而定,一般分布均匀的害虫,每小区取样数可少些,对迁飞性、钻蛀性或分布不均匀的害虫取样数目要适当加大。对病害来讲,一般来说,空气传播的病害,分布较均匀,每小区取样的点数可以减少些。土传病害,受地形、土质、耕作条件等影响较大,每小区取样的点数应适当多些。果树可以每株按东、西、南、北、中(内膛)五个方位取样调查。总之,药效调查时的取样数目要视病虫害的发生情况,分布类型及作物来定。

四、常见数据记录表

见表 3-3 至表 3-5。

表 3-3   XX XX 田间药效试验结果统计表(XX 年)

药剂处理	重复	虫口基数	施药后__天		施药后__天		施药后__天		施药后__天	
			残虫数	防效/%	残虫数	防效/%	残虫数	防效/%	残虫数	防效/%
	1									
	2									
	3									
	4									
	平均									
	1									
	2									
	3									
	4									
	平均									
	1									
	2									
	3									
	4									
	平均									
	1									
	2									
	3									
	4									
	平均									
	1									
	2									
空白	3									
	4									
	平均									

表 3-4　施药当日试验地天气状况(或设施栽培条件)表(XX 年 XX 月 XX 日)

施药日期	天气状况	风向与风力(米/秒或蒲福级)	温度/℃	相对湿度/%	其他气候因素

表 3-5　试验期间气象资料表(XX 年)

日期(月日)	温度/℃			相对湿度/%	降水量/mm	其他气象因素
	平均	最高	最低			

学习小结

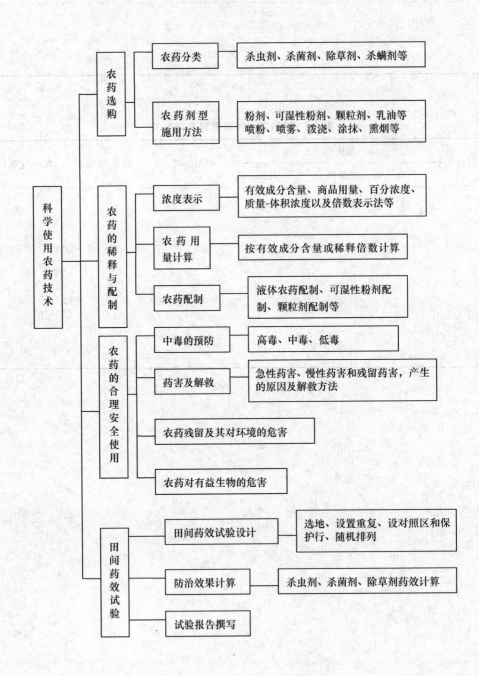

目标检测

一、选择题

1.下列属于高毒的农药是（　　　）

A.敌敌畏　　　　　B.辛硫磷　　　　　C.乐果　　　　　D.氧化乐果

2.下列哪类施药方式使用时需要相对密闭的环境（　　　）

A.喷粉　　　　　B.喷雾　　　　　C.熏烟　　　　　D.拌种

3.下面哪一种是农药润湿剂（　　　）

A.纸浆废液　　　　　B.陶土　　　　　C.甲苯　　　　　D.明胶

4.下列农药剂型中，不用外界热源，而是靠自身的挥发、气化、升华放出有效成分而发挥药效的是（　　　）

A.烟剂　　　　　B.热雾剂　　　　　C.气雾剂　　　　　D.熏蒸剂

5.下列农药剂型中，具有控制有效成分释放速度、延长持效期等作用的是（　　　）

A.可湿性粉剂　　　B.粒剂　　　　　C.乳油　　　　　D.种衣剂

6.运用常规喷雾法喷雾时，每公顷施药量一般为（　　　）

A.600 L 以上　　B.200～600 L　　C.50～200 L　　D.5～50 L

7.昆虫对于有毒气体有时会产生一种关闭气门的自卫反应，而（　　　）则具有促进气门开启的作用，把熏蒸剂与之混用可提高熏蒸剂效果

A.二氧化硫　　　　B.二氧化碳　　　　C.氯仿　　　　　D.甲醛

8.致死中量常用的剂量单位有（　　　）

A.mg/L　　　　B.mg/kg　　　　C.mg/个　　　　D.mL/个　　　　E.μg/g

9.下列农药中只准用于拌种，严禁喷雾使用的是（　　　）

A.氧乐果乳油　　　B.甲基硫菌灵可湿性粉剂　　　C.呋喃丹母粉　　　D.灭扫利乳油

10.下列有机磷杀虫剂中具有内吸作用的是（　　　）

A.辛硫磷　　　　B.敌百虫　　　　C.马拉硫磷　　　　D.乐果　　　　E.久效磷

11.下列拟除虫菊酯类杀虫剂中兼有杀螨作用的是（　　　）

A.甲氰菊酯　　　B.溴氰菊酯　　　C.氯氰菊酯　　　D.三氟氯氰菊酯　E.氯菊酯

12.吡虫啉对（　　　）有特效

A.刺吸式口器害虫　B.咀嚼式口器害　C.钻柱性害虫　　D.地下害虫

13.乐果是一种广谱性杀虫剂，它对高等动物（　　　）

A.剧毒　　　　　B.高毒　　　　　C.中毒　　　　　D.低毒

二、填空题

1.农药加工中常用的填充剂有（　　　　　）（　　　　　）（　　　　　）等。

2.农药加工中常用的溶剂有（　　　　　）（　　　　　）（　　　　　）等。

3.按防治对象可将农药分（　　　）（　　　）（　　　）（　　　）（　　　）等。

4.按作用方式，杀虫剂可分为（　　　）（　　　）（　　　）（　　　）等。

5.按使用范围，可将除草剂分为（　　　　　）（　　　　　）。

6.根据中毒快慢的不同,农药毒性有(   )(   )(   )三种。

7.根据我国暂用的农药急性毒性分级标准,可将我国农药分为(   )(   )(   )。

三、简答题

1.简述常用的施用方法有哪些。

2.简述农药药害的类型及农药中毒的表现。

3.简述常用农药剂型及各自特点。

4.简述种苗处理常用的方法。

5.简述农药混用的原则。

四、实例分析

1.请根据当地病虫发生的实际情况,以一种常发病虫为例,选择合适的农药品种、施药方法,并标明注意事项。

2.请分析什么原因容易造成药害的发生?发生药害之后应当如何处理?

项目四 园艺植物病虫害田间调查测报和综合防治方案制定

【知识目标】

掌握园艺植物病虫害调查的原则和内容,病虫害田间分布类型,病虫害田间调查取样方法和取样单位,熟悉园艺植物病虫害预测预报的意义和种类,能够准确运用调查测报结果,能正确制定病虫综合防治方案。

【能力目标】

能够根据园艺植物病虫害的种类准确选择调查取样的方法和单位,能够准确进行数据分析和测报,能正确制定病虫综合防治方案。

园艺植物病虫害的发生严重影响了园艺植物的产量和品质,为了做好园艺植物病虫害的防治工作,我们必须有目的的实际调查和了解病虫害的情况,熟悉其消长规律,并加以统计分析,确切地掌握可靠的数据,做到全面掌握敌情,我们才能确切地开展预测预报,制订出正确的防治措施,保证防治效果。

本项目共分三个任务来完成:1.园艺植物病虫害调查;2.园艺植物病虫害预测预报;3.园艺植物病虫害综合防治方案制定。

任务一 调查园艺植物病虫害

【知识点】掌握园艺植物病虫害调查的原则、内容和取样方法、取样单位。
【能力点】根据病虫害发生的实际情况进行准确的调查和数据整理分析。

【任务提出】

据基地学生汇报,园艺实训基地甘蓝发生大量小菜蛾,那么我们技术人员首先该做些什么呢?

【任务分析】

发生病虫害之后,我们就想到要开展田间调查,那么,如何开展调查,调查时又有哪些注意事项呢?在调查时我们要根据园艺植物病虫田间分布特点、根据调查目的、根据生产的实际情况来采取正确的取样方法,并认真记载,准确统计。完成此任务我们需要熟知园艺植物病虫害田间分布类型、病虫害调查的内容、记载的方法以及数据资料的整理和计算方法。

【相关专业知识】

一、调查统计的分类和内容

(一)调查统计的分类

病虫害的调查可分为一般调查、重点调查和调查研究三种。

1. 一般调查

当一个地区有关植物病虫害发生情况的资料很少时,应先作一般调查。调查的内容宽泛,有代表性,但不要求精确。为了节省人力物力,一般性调查在植物病虫害发生盛期调查 1~2 次,对植物病虫害的分布和发生程度进行初步了解。调查内容可参考下表(表 4-1),表中的 1、2、…、10 等数字在实际调查时可改换为具体地块名称,重要病虫害的发生程度可粗略写明轻、中、重,对不常见的病虫害可简单地写有、无等字样。

表 4-1 植物病虫害发生调查表

调查人: 调查地点:

调查时间: 年   月   日

病虫害名称	植物名称和生育期	发生田块									
		1	2	3	4	5	6	7	8	9	10

2.重点调查

在对一个地区的植物病虫害发生情况进行大致了解之后,对某些发生较为普遍或严重的病虫害可作进一步的调查。这次调查较前一次的次数要多,内容要详细和深入,如分布、发病率、损失程度、环境影响、防治方法、防治效果等。对发病率、损失程度的计算要求比较准确(表4-2)。在对病虫害的发生、分布、防治情况进行重点调查后,有时还要针对其中的某一问题进行调查研究,调查研究一定要深入,以进一步提高对病虫害的认识。

表 4-2　植物病(虫)害调查表

调查人:　　　　　　　　　　　　　　　　　　　　调查时间:　　年　　月　　日

调查地点:

病(虫)害名称:　　　　　　　　　　发病(被害)率:

田间分布情况:

寄主植物:　　　　　　　　　　　　品种:

种子来源:

土壤性质:　　　　　　　　　　　　肥沃程度:

含水量:

栽培特点:　　　　　　　　　　　　施肥情况:

灌、排水情况:

病虫发生前温度和降雨:　　　　　　病虫害盛发期温度和降雨:

防治方法:　　　　　　　　　　　　防治效果:

群众经验:

其他病虫害:

(二)调查统计的内容

1.园艺植物病虫害发生和危害情况调查

对某一地区、某一果园或菜田、某种植物上的病虫害种类及不同种类的数量对比进行的调查,其目的是确定主要病虫害和一般病虫害,有无检疫对象,为重点调查和疫区、保护区的划定提供依据。同时调查发生时间、发生数量及危害程度,对暴发性的重点病虫害,要详细记载各虫态的始盛期、高峰期、盛末期和消长情况,为确定防治适期和防治对象提供依据。

2.园艺植物病虫害分布调查

查明某种植物害虫的地理分布不及同分布区的数量对比,为制定防治区划、确定害虫的主要来源地及疫源地提供依据。病原物则要了解其生存越冬越夏条件,确定其分布范围。

3.园艺植物病虫害及天敌发生规律调查

重点调查某种病虫或天敌的寄主范围、发生世代、主要习性及不同农业生态条件下数量变化的情况,为制定防治措施和保护利用天敌提供依据。

4.园艺植物病虫害防治效果和园艺植物受害程度调查

包括防治前后病虫发生程度的对比调查;防治区与不防治区的对比调查和不同防治措施的对比调查等,为衡量防治措施效果、估计对经济效益的影响程度提供依据。

二、园艺植物病虫害的田间分布类型及调查方法

(一)园艺植物病虫害的分布类型

1. 随机分布型

也叫二项式分布,如图 4-1 所示。病虫种群内各个体间具有相对的独立性,不相互吸引或排斥,种群中的个体占据空间任何一点的概率相等,任何个体的存在不影响其他个体的分布。通常病虫在田间分布是稀疏的,每个个体之间的距离不等,但比较均匀。

2. 核心分布型

也叫奈曼分布,病虫在田间不均匀地呈多个小集团核心分布。核心内为密集的,而核心间是随机的。奈曼分布的个体之间有一定的相互吸引关系,如亲子关系。世代之间亲疏程度不同可以表现为距离的近远,也就形成了一些核心或中心。

3. 嵌纹分布型

又称负二项式分布,是极不均匀的分布,病虫在田间呈不规则疏密相间状态,调查取样的个体于各取样单位出现的机会不相等。负二项分布的个体之间也有一定的关系,但这种相互关系可以分成两种或多种。在空间上可以分成疏密不同的区域,同一区域内的个体之间保持基本相同的关系,而不同区域内的个体之间的关系有明显的不同。

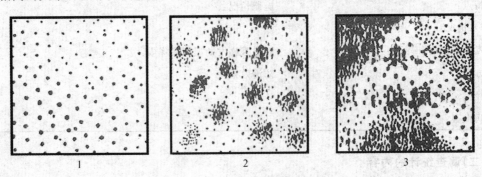

图 4-1　害虫田间分布类型

1.随机分布　2.核心分布　3.嵌纹分布

(二)园艺植物病虫害的取样方法

(1)五点取样法　从田块四角的两条对角线的交叉点,即田块正中央,以及交叉点到四个角的中间点等 5 点取样。或者,在离田块四边 4～10 步远的各处,随机选择 5 个点取样,是应用最普遍的方法(图 4-2)。适用于随机分布。

(2)对角线取样法　调查取样点全部落在田块的对角线上,可分为单对角线取样法和双对角线取样法两种。单对角线取样方法是在田块的某条对角线上,按一定的距离选定所需的全部样点。双对角线取样法是在田块四角的两条对角线上均匀分配调查样点取样。两种方法可在一定程度上代替棋盘式取样法,但误差较大些。

(3)棋盘式取样法　将所调查的田块均匀地划成许多小区,形如棋盘方格,然后将调查取样点均匀分配在田块的一定区块上。适用于核心分布。

(4)平行线取样法　如在桑园中每隔数行取一行进行调查。本法适用于分布不均匀的核

心分布病虫害调查,调查结果的准确性较高。

(5)"Z"字形取样法　取样的样点分布于田边多,中间少,对于田边发生多、迁移性害虫,在田边呈点片不均匀分布时用此法为宜,尤其是嵌纹分布型。如螨等害虫的调查。

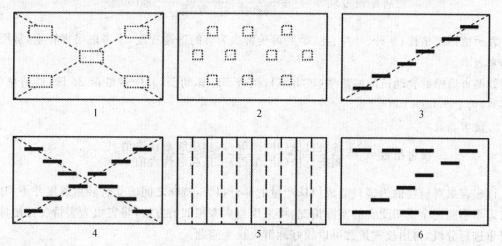

图4-2　病虫害田间取样方法
1.5点式　2.棋盘式　3.单对角线式　4.双对角线式　5.平行线式　6.Z字形

(三)园艺植物病虫害田间调查取样单位

主要单位如下:长度、面积、体积、时间、植株或器官、诱集器械、重量、网捕等。

(1)长度　单位为 m,适用于条播密植作物上的病虫害。

(2)面积　单位用 m²,常用于调查地面或地下害虫,撒播、密生、矮小植物上的病虫害或害虫密度较低情况下的虫量,一般以平方米为单位。

(3)体积单位　用于调查地下害虫或蛀干害虫,以 m³ 为单位。

(4)时间单位　用于调查活动性较大的昆虫,在一定面积范围内观察单位时间内经过、起飞或捕获的虫数。

(5)植株或器官为单位　适用于株行距清楚,害虫栖息部位较固定的害虫,对矮小的植物,以每株或每百株虫量表示,或可折算成单位面积虫量表示。

(6)诱集器械　以黑光灯、谷草把、糖醋盆等诱集器械,在单位时间内诱捕的病虫数为取样单位。

除此以下,还有重量、网捕等单位。

三、调查资料的整理与计算

(一)调查资料的记载

田间调查时,对调查结果要认真记载,是分析总结调查结果的依据。记载的内容,依据调查的目的和对象而定,通常要有调查日期、地点、调查对象名称、调查项目等。记载多为表格形式。记载表格可分为田间使用的原始表格和调查后的整理表格两种。前者自行设计。

(二)整理与计算

调查中所获得的数据准确记载后,要认真整理,才能简明准确地反映实际情况,便于分析比较。病虫害调查的统计项目如下：

1. 被害率或发病率

$$被害率或发病率＝\frac{被害或发病株（叶、果）数}{调查株（叶、果）数}×100\%$$

表示植物的植株、茎秆、叶片、花、果实等受害虫为害的普遍程度，不考虑受害轻重，常用被害率来表示。

如调查蛴螬蛀食幼苗的蛀苗率（被害率），调查 500 株幼苗，其中被蛀苗 25 株，蛀苗率（被害率％）为 $25/500×100＝5\%$。

2. 被害指数

$$被害指数＝\frac{\sum[各级虫株（叶、果等）×相应级数代表值]}{调查总株（叶、果等）×最高级代表值}×100$$

许多害虫对植物的为害只造成植株产量的部分损失，植株之间的受害轻重程度并不相同，用被害率不能完全说明受害的实际情况，可采用与病害相似的方法，将害虫为害情况按植株受害轻重进行分级，再用被害指数可以较好地解决这个问题。

现以蚜虫为例，说明被害指数的计算方法。

蚜虫为害分级标准如表 4-3：

表 4-3　蚜虫为害分级标准

等级	分 级 标 准	代表值
1	无蚜虫，全部叶片正常	0
2	有蚜虫，全部叶片无蚜害异常现象	1
3	有蚜虫，受害最重叶片出现皱缩不展	2
4	有蚜虫，受害最重叶片皱缩半卷，超过半圆形	3
5	有蚜虫，受害最重叶片皱缩全卷，呈圆形	4

如调查蚜虫为害植株 100 株，0 级 53 株，1 级 26 株，2 级 18 株，3 级 3 株。则被害指数为：

$$被害指数＝\frac{53×0＋26×1＋18×2＋3×3}{100×4}×100＝20.2$$

被害指数越大，植株受害越重；被害指数越小，植株受害越轻。植株受害最重时被害指数为100；植株没受害时，被害指数为 0。

3. 虫口密度

表示在一个单位内的虫口数量，通常折算为每亩虫数。

$$虫口密度＝\frac{调查总虫数}{调查总单位数}×每亩单位数$$

虫口密度也可用百株虫数表示：

$$百株虫数＝\frac{调查总虫数}{调查总株数}×100$$

4.病情指数

在植株局部被害情况下,各受害单位的受害程度是有差异的。因此,被害率就不能准确地反映出被害的程度,对于这一类病(虫)情的统计,可按照被害的严重程度分级,再求出病情指数。

$$病情指数 = \frac{\Sigma(各级叶数 \times 各级严重度等级)}{调查总叶数 \times 最严重的等级} \times 100$$

从病情指数可以看出,它比发病率更能代表受害的程度。在害虫方面,也可以用分级记载的方法,统计计算被害率或虫害指数,用以更准确地反映受害程度。

5.损失情况估计

除少数病虫其危害率造成的损失很接近以外,一般病虫的病情(虫害)指数和被害率都不能完全说明损失程度。损失主要表现在产量或经济收益的减少。因此,病虫危害造成的损失通常用生产水平相同的受害田和未受害田的产量或经济总产值的对比来计算,也可用防治区与不防治的对照区的产量或经济总产值的对比来计算。

$$损失率 = \frac{未受害田平均产量或产值 - 受害田平均产量或产值}{未受害田平均产量或产值} \times 100\%$$

【任务实施】

一、材料及工具的准备

(1)材料　调查资料
(2)器材　剪刀、铁锹、捕虫网、诱集器、计数器等调查工具,记录本、记载笔、计算器等。

二、任务实施步骤

(一)工作准备

调查之前的准备工作包括搜集被调查地区的历史资料、自然地理概括、经济状况,拟定调查计划,确定调查方法,设计调查用表,准备好调查所用仪器、工具,做好调查人员的技术培训等。

(二)选取样点和确定取样单位

由于人力和时间限制,不可能对所有的果园、菜田或植株全部调查,一般都是选有代表性的田块,再从中取出一定的样点抽查,从局部得知全局。代表性田块的选取要充分考虑不同的地形地势、水肥条件、品种、田间小气候等因素。最重要的依据是害虫的田间分布类型,对于随机分布型常用五点取样、棋盘式取样和对角线式取样,分行式取样和棋盘式取样适用于核心分布型,"Z"字形取样适用于嵌纹分布型。

取样单位的确定要依据害虫种类、作物种类及栽培方式的不同来确定。单位为 m,条播密植作物上的害虫一般选用长度单位。花卉苗床和撒播作物或密生、矮小作物选用面积单位 m²。蛀干害虫一般用体积单位,活动性大的的用时间单位,而具有趋性的可以用诱集器械为单位。

(三)调查记载

调查一定要详细,记载一定要准确。常见的记载表格有以下几种。

1.害虫调查

(1)地下害虫调查 菜田播种前或果树移栽前,要进行地下害虫调查。调查时间应在春末至秋初,地下害虫多在浅层土壤活动时期为宜。抽样方式多采用对角线式或棋盘式。样坑大小为 0.5 m×0.5 m 或 1 m×1 m。按 0~5 cm、5~10 cm、15~30 cm、30~45 cm、45~60 cm 段等不同层次分别进行调查记载(表4-4)。

表4-4 地下害虫调查表

调查日期	调查地点	土壤植被情况	样坑号	样坑深度	害虫名称	虫期	害虫数量	调查株数	被害株数	受害率%	备注

(2)蛀干害虫调查 在发生蛀干害虫的果园中,选有树 50 株以上的样地,分别调查被害株率,并分别记载衰弱木、濒死木和枯立木的株率和百分率。同时调查树干上的排粪孔等特性,调查百株虫量。见表4-5、表4-6。

表4-5 蛀干害虫被害率调查表

调查日期	调查地点	样地号	总株数	健康木		卫生状况	虫害木						害虫名称	备注
							衰弱木		濒死木		枯立木			
				株数	%		株数	%	株数	%	株数	%		

表4-6 蛀干害虫危害程度调查表

样树号	样树情况			害虫名称	虫口密度(100 株)	其他
	树高	胸径	树龄			

(3)枝梢害虫调查 对危害幼嫩枝梢害虫的调查,可选有 50 株以上的样方,逐株统计主梢受害侧梢健壮株数、主梢健壮侧梢受害株数和主侧枝都受害株数,从被害株中选出 5~10 株,查清虫种、虫口数、虫态和危害情况。对于虫体小、数量多、定居在嫩枝上的害虫如蚜、蚧等,可在标准木的上、中、下部各选取样枝,截取 10 cm 长的样枝段,查清虫口密度,最后求出平均每10 cm 长的样枝段的虫口密度(表4-7)。

表4-7 枝梢害虫调查表

调查时间	调查地点	样地号	样株调查									备注
			样树号	树高	胸或根径	树龄	总梢数	被害梢数	被害率%	虫名	虫口密度	

(4)食叶害虫调查 在有食叶害虫危害的果园内选定样地,调查主要害虫种类、虫期、数量和危害情况等,样方面积可随机酌定。在样地内可逐株调查或采用对角线法,选株样树10～20株进行调查。若样株矮小(一般不超过2 m)可全株统计害虫数量;若树木高大,不便于统计时,可分别于树冠上、中、下部及不同方位取样枝进行调查。落叶和表土层中的越冬幼虫和蛹、茧的虫口密度调查,可在样树下树冠较发达的一面树冠投影范围内,设置0.5 m×2 m的样方,0.5 m一边靠树干,统计20 cm土深内主要害虫虫口密度(表4-8)。

表4-8　食叶害虫调查表

调查日期	调查地点	样地号	绿地概况	害虫名称及主要虫态	样树号	害虫数量						危害情况	备注
						健康	死亡	被寄生	其他	总计	虫口密度		

2.病害调查

调查时,可从现场采集标本,按病情轻重排列,划分等级,也可参考已有的分级标准,酌情划分使用。现将有关病害的分级标准列表如下(表4-9、表4-10)。

表4-9　枝、叶、果病害分级标准

级别	代表值	分级标准
1	0	健康
2	1	1/4以下枝、叶、果感病
3	2	1/4～2/4枝、叶、果感病
4	3	2/4～3/4枝、叶、果感病
5	4	3/4以上枝、叶、果感病

表4-10　枝干病害分级标准

级别	代表值	分级标准
1	0	健康
2	1	病斑的横向长度占树干周长的1/5以下
3	2	病斑的横向长度占树干周长的1/5～3/5
4	3	病斑的横向长度占树干周长的3/5以上
5	4	全部感病或死亡

(1)枝干病害调查 在发生枝干病害的率地中,选取不少于100株的地段做样本,调查时,除统计发病率外,还要计算病情指数(表4-11)。

表4-11　枝干病害调查表

调查日期	调查地点	样方号	树种	病害名称	总株数	感病株数	发病率	病害分级					病情指数	备注
								1	2	3	4	5		

(2)叶部病害调查 按照病害的分布情况和被害情况,在样方中选取5%～10%株样数,

每株调查 100～200 个叶片。被调查的叶片应从不同部位选取(表 4-12)。

表 4-12 叶部病害调查表

调查日期	调查地点	样方号	树种	样树号	病害名称	总叶数	病叶数	发病率	病害分级					病情指数	备注
									1	2	3	4	5		

(四)调查资料的整理与计算

1.调查资料的计算

调查获得的一系列数据必须经过整理计算,才能大体说明病虫害的数量和造成的危害水平。计算通常采用算术平均数计算法和平均数的加权计算法。

算术平均数计算法计算公式如下:

$$\bar{X} = \frac{x_1 + x_2 + x_3 + \cdots + x_n}{n} = \frac{\Sigma x}{n}$$

式中:$\bar{X}$—算术平均数;

n—抽样单位数。

平均数的加权计算法计算公式如下:

$$\bar{X} = \frac{f_1 x_1 + f_2 x_2 + f_3 x_3 + \cdots + f_n x_n}{\Sigma f} = \frac{\Sigma f x}{\Sigma f}$$

式中:f 为权数,权数就是权衡轻重的意思,它是指数值相同的各数据的比重。在计算绿地害虫平均虫口密度或危害率时,需用此计算方法。

除此以外,我们经常计算的就是被害率、虫口密度或虫情指数。具体方法见任务实施所需要的知识。

2.调查资料的整理

(1)鉴定病虫名称。

(2)汇总统计调查资料,进一步分析病虫大发生的原因。

(3)撰写调查报告。

报告内容一般包括以下几个方面:

①调查地区的概况 包括自然地理环境、社会经济情况、果园和菜园生产和管理情况及园艺植物病虫情况等。

②调查成果的综述 包括主要花木的主要病虫害种类、危害程度和分布范围,主要病虫害的发生特点、分布区域的综述,主要病虫发生原因及分布规律,天敌资源情况以及园艺植物检疫对象和疫区等。

③病虫害综合治理的措施和建议。

④附录 包括调查地区园艺植物病虫名录,天敌名录,主要病虫发生面积汇总表,园艺植物检疫对象所在疫区面积汇总表、主要病虫害分布图。当然,根据调查目的和内容,自己可以适当删减。

(4)调查原始资料装订、归档、标本整理、制作和保存。

【任务考核】

任务考核单

序号	考核内容	考核标准	分值	得分
1	调查对象的分布类型	根据田间害虫分布特点,自查资料确定分布型	10	
2	取样	正确田间取样	20	
3	确定取样单位	根据害虫类别及田间分布型正确确定取样单位	10	
4	制定调查表,认真记载	表格要适用,记载要准确	10	
5	调查资料的整理和计算	根据目的计算被害率或虫口密度或虫情指数	20	
6	调查报告	撰写完备,文笔通顺。	15	
7	问题思考与回答	在整个任务完成过程中积极参与,独立思考	15	

【归纳总结】

通过实验可以发现,一个好的害虫调查如果要真正做到对害虫的防治具有指导作用,应该做好以下几方面的工作:

1.准确确定病虫的分布类型

根据病虫在田间分布是否均匀确定为是随机分布型、核心分布型还是嵌纹分布型。

2.准确确定取样方法和取样单位

代表田块确定以后,可根据病虫种类的特性、作物栽培方式、环境条件等进行田间选点取样进行调查。对田间分布均匀的病虫,一般常用五点式和对角线随机取样法。即在田间按一定方式和距离选十个或五个点,不可随意按主观意愿定点,使样点较准确的代表全局。对一些分布不均匀的病虫,则可根据其分布特点采用平行线取样、棋盘式取样或"Z"字形取样法。棉红蜘蛛和一些虫传的病毒病初发生时,常从地边向田内蔓延,用"Z"字形取样效果较好。一般取样时,都要避免在田边取样,因为田边植株所处环境特殊,常不能代表一般情况,应离开田边5～10 m开始取样。总之,取样方法是通过多年实践,不断修改形成的。对于某些重点病虫,各地应遵照统一规定进行,以利于调查结果的共同分析比较。

取样单位因病虫种类和作物栽培方式而异。面积适用于调查地下害虫数量或密度大作物中的病虫害;长度适用于调查条播密植或垄作上的病虫数量和受害程度;植株或植株的一部分适用于全株的病害。如地下害虫危害的幼苗以植株为单位;虫食籽粒等,则常以叶片、果实、籽粒等为单位;容积和重量调查储粮害虫都以容积或重量为取样单位。此外,根据某些害虫的不同特点,可采用特殊的调查统计器具,如用捕虫网捕捉一定的网数,统计捕得害虫的数量,是以网捕为单位,利用诱蛾器、黑光灯、草把统计诱得虫量是以诱器为单位。

3.准确设计调查记载项目

要根据害虫特点来制定相应的表格,表格的项目一定要体现调查目的。

4.详细整理调查数据和资料

分析一定要到位,报告一定要中肯,而且完毕后一定要对资料进行归档和保存,利于以后工作的参考。

【自我检测和评价】

1. 病虫分布类型的确定有什么窍门?
2. 如何根据病虫种类和作物种类来确定取样单位?

【课外深化】

一、园艺植物病虫害调查统计的原则

(1)具有明确的调查目的 要根据生产的实际需要确定调查目的。有了明确的目的之后,再决定调查内容,根据不同内容确定调查时间、地点,拟定调查项目和调查方法,设计合理的记载统计表格。

(2)充分了解当地的生产实际情况 为了解决问题,我们要充分了解生产的实际:包括栽培品种、播种时间、施肥、灌溉及防治情况等。而最了解情况的当然是当地的群众,所以我们要依靠当地群众,从群众中来,到群众中去。

(3)采取正确的取样方法。

(4)认真记载,准确统计。

二、病虫分布类型形成的相关因素

形成不同空间格局的原因是多方面的,包括病虫害的增殖(生殖)方式、活动习性和传播方式,发生的阶段等,也和环境有关。了解病虫害本身的生物学特性,有助于初步判断它们的分布格局。如果病虫害来自田外,传入数量较小,无论是随气流还是种子传播,初始的分布情况都可能是泊松分布(随机分布)。当病虫害经过 1 至几代增殖,每代传播范围较小或扩展速度较小,围绕初次发生的地点就可以形成一些发生中心,将会呈奈曼分布(核心分布)。其后,特别是在病虫害大量增殖以后,又可能逐步过渡为二项式分布。当大量的小麦条锈病夏孢子传入或蝗虫大量迁入时,也可能直接呈现二项式分布(均匀分布)。由于肥、水、土壤质地等成片、成条带的差异可能造成作物长势和抗病性的差异,进而引发病原物侵染和害虫取食、产卵的差异,就会出现负二项式分布(嵌纹分布)。

任务二　制定病虫害综合防治方案

【知识点】熟悉常见的病虫害防治方法、制定综合防治方案的原则等。
【能力点】根据实际病虫发生规律制定有效的病虫害防治方案。

【任务提出】

对一个园艺植物病虫害来说,无论是识别、诊断、田间调查还是掌握其发生规律,都是为防治打基础的,那么,当一个病虫害发生时,我们该怎么制定行之有效的防治方案呢?

【任务分析】

想要有效的防治某个病虫,我们一定要找到它的弱点,了解它的特性,如有趋光性,我们就可以利用灯光或色板诱杀,有假死性就可以振落捕杀;同时我们还要了解病虫害的发生规律,如越冬场所、发生条件、天敌种类,通过了解这些情况,我们除了确定防治方法之处,还可以有效确定合适的防治时期。因此,我们今天来学习病虫害常用防治方法,常见防治方案的种类。

【相关专业知识】

一、有害生物综合治理

病虫害的综合防治,近年来人们称之为有害生物综合治理(IPM),就是指就是从生态系的整体出发,根据有害生物和环境之间的相互关系,充分发挥自然控制因素的作用,因地制宜,协调应用必要的措施,将有害生物控制在经济允许水平以下,以获取最佳的经济、生态和社会效益。

二、有害生物综合治理的原则

(1)安全原则 保证防治措施的使用对环境、作物、人畜、天敌和有益生物是安全的。

(2)协调原则 提倡多战术的战略,强调各种战术的有机协调,尤其强调最大限度的利用自然调控因素,尽量少用化学农药。

(3)生态原则 以生态学原理为基础,把有害生物作为其所在的生态系统的一个分量来研究和调控。提倡与有害生物协调共存,强调对有害生物的数量进行调控,不盲目追求根绝。

(4)效益原则 防治措施的决策应全盘考虑经济、社会和生态效益。

三、有害生物的防治措施

(一)植物检疫

植物检疫(plant quarantine)是根据国家颁布的法令,设立专门机构,对国外输入和国内输出,以及国内地区之间调运的种子、苗木及农产品等进行检疫,禁止或限制危险性病、虫、杂草的传入和输出;或者在传入以后限制其传播,消灭其危害的措施。

植物检疫可分为对内检疫和对外检疫。对内检疫(国内检疫)是国内各级检疫机关,会同交通、运输、邮电及其他有关部门,根据检疫条例,防止和消灭通过地区间的物资交换,调运种子、苗木及其他农产品而传播的危险性病、虫及杂草。我国对内检疫主要以产地检疫为主,道路检疫为辅。对外检疫(国际检疫)是国家在对外港口、国际机场及国际交通要道设立检疫机构,对进出口的植物及其产品进行检疫处理。防止国家新的或在国内还是局部发生的危险性病、虫及杂草的输入;同时也防止国内某些危险性的病、虫及杂草的输出。对内检疫是对外检疫的基础,对外检疫是对内检疫的保障。

检测对象确定的原则是:①国内或当地尚未发现或局部已发生而正在消灭的;②繁殖力强,适应性广,一旦传入危害性大,经济损失严重,难以根除;③可人为随种子、苗木、农产品及包装物等运输,作远距离传播的。

(二)农业防治法

农业防治法就是通过改进栽培技术措施,使环境条件不利于病虫害的发生,而有利于植物的生长发育,直接或间接地消灭、抑制植物病虫害的发生与为害。是最经济、最基本的防治方法,其最大优点是不需要过多的额外投入,且易与其他措施相配套,而且预防作用强,可以长久控制植物病虫害,它是综合防治的基础。其局限性是防治效果比较慢,对暴发性病虫的为害不能迅速控制,而且地域性、季节性较强。

(1)选用抗病虫品种 培育和推广抗病虫品种是最经济有效的防治措施。在抗病虫品种的利用上,要防止抗性品种的单一化种植,注意抗性品种轮换,合理布局具有不同抗性基因的品种,同时配以其他综合防治措施,提高利用抗病虫品种的效果,充分发挥作物自身对病虫害的调控作用。

(2)改革耕作制度 实行合理的轮作倒茬可以恶化病虫发生的环境,例如,在四川推广以春茄子、中稻和秋花椰菜为主的"菜-稻-菜"水旱轮作种植模式,大大减轻了一些土传病害(如茄黄萎病)、地下害虫和水稻病虫的为害;正确的间、套作有助于天敌的生存繁衍或直接减少害虫的发生。

(3)深翻 果园、菜园深翻利于消灭地下越冬的病虫害。

(4)加强田间管理

合理密植 一般而言,种植密度大,田间荫蔽,就会影响通风透光,导致湿度大,植物木质化速度慢,从而加重大多数高湿性病害和喜阴好湿性害虫的发生危害。因而合理密植不仅能使作物群体生长健壮整齐,提高对病虫的抵抗力;同时也使植株间通风透气好,湿度降低,有利于抑制病虫害的发生。

科学管理水肥 控制田间湿度,防止作物生长过嫩过绿,可以减轻多种病虫的发生。一般来说,氮肥过多,植物生长嫩绿,分枝分蘖多,有利于大多数病虫的发生为害。而采用测土配方施肥技术,肥料元素养分齐全、均衡,适合作物生长需求,作物抗病虫害能力明显增强,从而有利于控制化肥、农药的使用量,减少农作物有害成分的残留,保护农田生态环境。

健康栽培措施 是通过农事操作,清除农田内的有害生物及其滋生场所,改善农田生态环境,保持田园卫生,减少有害生物的发生为害。通过健康栽培措施,既可使植物生长健壮,又可以防止或减轻病虫害发生。主要措施有:植物的间苗、打杈、摘顶、刮翘皮、清除田间的枯枝落叶、落果等各种植物残余物。

清除田间杂草 田间杂草往往是病虫害的野生寄主或越冬场所,清除杂草可以减少植物病虫害的侵染来源。

综上所述,健康栽培措施已成为一项有效的病虫害防治措施。此外,加强田间管理的措施还有:改进播种技术,采用组培脱毒育苗,翻土培土,嫁接防病和安全收获等。

(三)物理机械防治法

物理机械防治法就是利用各种物理因素(如光、电、色、温湿度等)和机械设备来防治有害生物的植物保护措施。此法一般简便易行,成本较低,不污染环境,而且见效快,但有些措施费时费工,需要特殊的设备,有些方法对天敌也有影响。一般作为一种辅助防治措施。

1.诱杀法

利用害虫的趋性或其他习性诱集并杀灭害虫。常用方法有:

(1)灯光诱杀 利用害虫的趋光性,采用黑光灯、双色灯或高压汞灯,结合诱集箱、水坑或高压电网诱杀害虫的方法。大多数害虫的眼对波长 330～400 nm 的短光波紫外光特别敏感,黑光灯是一种能辐射出 360 nm 紫外线的电光源,因而诱虫效果很好。黑光灯可诱集 700 多种昆虫,尤其对夜蛾类、螟蛾类、天蛾类、尺蛾类、灯蛾类、金龟甲类、蝼蛄类、叶蝉类等诱集力更强。

(2)色彩板诱杀 利用害虫的趋色彩性,研究各种色彩板诱杀一些"好色"性害虫,常用的有黄板和蓝板。如利用有翅蚜虫、白粉虱、斑潜蝇等对黄色的趋性,可在田间采用黄色粘胶板或黄色水皿进行诱杀。利用蓝板可诱杀蓟马、种蝇等。

(3)食饵诱杀 利用害虫对食物的趋化性,通过配制合适的食饵来诱杀害虫。如用糖酒醋液可以诱杀小地老虎和粘虫成虫,利用新鲜马粪可诱杀蝼蛄等。

2.汰选法

健全种子与被害种子在形态、大小、比重上存在着明显的区别,因此,可将健全种子与被害种子进行分离,剔除带有病虫的种子。可通过手选、筛选、风选、盐水选等方法进行汰选。例如,油菜播种前,用 10％NaCl 溶液选种,用清水冲洗干净后播种,可降低油菜菌核病的发病率。

3.阻隔法

根据害虫的生活习性和扩散行为,设置物理性障碍,阻止其活动、蔓延,防止害虫为害的措施。如在设施农业中利用适宜孔径的防虫网,覆盖温室和塑料大棚,以人工构建的屏障,防止害虫侵害温室花卉和蔬菜,从而有效控制各类害虫,如蚜虫、跳甲、甜菜夜蛾、美洲斑潜蝇、斜纹夜蛾等的危害。又如果园果实套袋,可以阻止多种食心虫在果实上产卵,防止病虫侵害水果。

此外,还可用温度控制、缺氧窒息、高频电流、超声波、激光、原子能辐射等物理防治技术防治病虫。

(四)生物防治法

生物防治法就是利用自然界中各种有益生物或有益生物的代谢产物来防治有害生物的方法。生物防治的优点是对人、畜、植物安全,不杀伤天敌及其他有益生物,一般不污染生态环境,往往对有害生物有长期的抑制作用,而且生物防治的自然资源比较丰富,使用成本比使用化学农药低。因此,生物防治是综合防治的重要组成部分。但是,生物防治也有局限性,如作用较缓慢,在有害生物大发生后常无法控制;使用时受气候和地域生态环境影响大,效果不稳定;多数天敌的选择性或专化性强,作用范围窄,控制的有害生物数量仍有限;人工开发周期长,技术要求高等。所以,生物防治必须与其他的防治方法相结合。

1.以虫治虫

以害虫作为食物的昆虫称为天敌昆虫。利用天敌昆虫来防治害虫,称为"以虫治虫"。天敌昆虫主要有捕食性和寄生性两大类型。

(1)捕食性天敌昆虫 专以其他昆虫或小动物为食物的昆虫,称为捕食性昆虫。分属于18 个目近 200 个科,常见的捕食性天敌昆虫有蜻蜓、螳螂、猎蝽、刺蝽、花蝽、姬猎蝽、瓢虫、草蛉、步甲、食虫虻、食蚜蝇、胡蜂、泥蜂、蚂蚁等。这些天敌一般均较被猎取的害虫大,捕获害虫后立即咬食虫体或刺吸害虫体液,捕食量大,在其生长过程中,能捕食几头至数十头,甚至数千头害虫,可以有效地控制住害虫种群数量。例如,利用澳洲瓢虫与大红瓢虫防治柑橘吹绵介壳虫最为成功。一头草蛉幼虫,一天可以吃掉几十甚至上百头蚜虫。

（2）寄生性天敌昆虫 这些天敌寄生在害虫体内，以害虫的体液或内部器官为食，导致害虫死亡。分属于5个目近90个科内，主要包括寄生蜂和寄生蝇，其虫体均较寄主虫体小，以幼虫期寄生于害虫的卵、幼虫及蛹内或体上，最后寄主害虫随天敌幼虫的发育而死亡。目前，我国利用寄生性天敌昆虫最成功的例子是利用赤眼蜂寄生多种鳞翅目害虫的卵。

以虫治虫的主要途径有以下三个方面：①保护利用本地自然天敌昆虫。如合理用药，避免农药杀伤天敌昆虫；对于修剪下来的有虫枝条，其中的害虫体内通常有天敌寄生，因此，应妥善处理这些枝条，将其放在天敌保护器中，使天敌能顺利羽化，飞向果园等。②人工大量繁殖和释放天敌昆虫。目前国际上有130余种天敌昆虫已经商品化生产，其中主要种类为赤眼蜂、丽蚜小蜂、草蛉、瓢虫、小花蝽、捕食螨等。③引进外地天敌昆虫。如早在19世纪80年代，美国从澳大利亚引进澳洲瓢虫（*Rodolia cardinalis*），5年后原来危害严重的吹绵蚧就得到了有效的控制；1978年我国从英国引进丽蚜小蜂（*Encarsia formosa* Gahan）防治温室白粉虱取得成功等。

2. 以菌治虫

以菌治虫，就是利用害虫的病原微生物及其代谢产物来防治害虫。该方法具有对人畜、植物和水生动物无害，无残毒，不污染环境，不杀伤害虫的天敌，持效期长等优点，因此，特别适用于植物害虫的生物防治。

目前，生产上应用较多的是病原细菌、病原真菌和病原病毒三大类。我国利用的昆虫病原细菌主要是苏云金杆菌（Bt），主要用于防治棉花、蔬菜、果树、水稻等作物上的多种鳞翅目害虫。目前，国内已成功地将苏云金杆菌的杀虫基因转入多种植物体内，培育成抗虫品种，如转基因的抗虫棉等。我国利用的病原真菌主要是白僵菌，可用于防治鳞翅目幼虫、叶蝉、飞虱等。昆虫病毒以核型多角体病毒（NPV）最多，其次为颗粒体病毒（GV）及质型多角体病毒（CPV）等。其中应用于生产的有棉铃虫、茶毛虫和斜纹夜蛾核型多角体病毒、菜粉蝶和小菜蛾颗粒体病毒、松毛虫质型多角体病毒等。

此外，某些放线菌产生的抗生素对昆虫和螨类有毒杀作用，这类抗生素称为杀虫素。常见的杀虫素有阿维菌素、多杀菌素等，例如，阿维菌素已经广泛应用于防治多种害虫和害螨。

3. 以菌治菌（病）

即利用对植物无害或有益的微生物来影响或抑制病原物的生存和活动，减少病原物的数量，从而控制植物病害的发生与发展。有益微生物广泛存在于土壤、植物根围和叶围等自然环境中。应用较多的有益微生物如细菌中的放射土壤杆菌、荧光假单胞菌和枯草芽孢杆菌等，真菌中的哈茨木霉及放线菌等。

4. 其他有益生物的应用

在自然界，还有很多有益动物能有效地控制害虫。如蜘蛛和捕食螨同属于节肢动物门、蛛形纲，主要捕食昆虫，农田常见的有草间小黑蛛、八斑球腹蛛、拟水狼蛛、三突花蟹蛛等，主要捕食各种飞虱、叶蝉、螨类、蚜虫、蝗蝻、蝶蛾类卵和幼虫等。很多捕食性螨类是植食性螨类的重要天敌，重要科有植绥螨科、长须螨科。这两个科中有的种类如胡瓜钝绥螨、尼氏钝绥螨、拟长行钝绥螨已能人工饲养繁殖并释放于农田、果园和茶园。

两栖类动物中的青蛙、蟾蜍、雨蛙、树蛙等捕食多种农作物害虫，如直翅目、同翅目、半翅目、鞘翅目、鳞翅目害虫等。大多数鸟类捕食害虫，如家燕能捕食蚊、蝇、蝶、蛾等害虫。有些线虫可寄生地下害虫和钻蛀性害虫，如斯氏线虫和格氏线虫，用于防治玉米螟、地老虎、蛴螬、桑天牛等害虫。

5.昆虫性信息素在害虫防治中的应用

近年来,昆虫性信息素在害虫防治中的应用越来越广泛。昆虫性信息素是由同种昆虫的某一性别分泌于体外,能被同种异性个体的感受器所接受,并引起异性个体产生一定的行为反应或生理效应。多数昆虫种类由雌虫释放,以引诱雄虫。目前,全世界已鉴定和合成的昆虫性信息素及其类似物达 2 000 余种,这些性信息素在结构上有较大的相似性,多数为长链不饱和醇、醋酸脂、醛或酮类。每只昆虫的性外激素含量极微,一般为 $0.005 \sim 1 \mu g$。哪怕只有极少量挥发到空气中,就能把几十米、几百米、甚至几千米外的异性昆虫招引来,因此,可利用一些害虫对性外激素的敏感,采用性诱剂的方法设置诱捕器,诱芯来进一步诱杀大量的雄蛾,减少雄蛾与雌蛾的交配机会,因而对降低田间卵量、减少害虫的种群数量起到良好的作用。目前,已经应用在二化螟、小菜蛾、甜菜夜蛾和斜夜蛾纹防治中,在农药的使用次数和使用量大幅度削减,减低农药残留的同时,虫害得到有效控制,保护了自然天敌和生物多样性。

(五)化学防治法

化学防治就是利用化学药剂防治病虫草鼠害。化学防治具有以下优点:快速高效,使用方便;受地区和季节性限制小,防治范围广,几乎所有的有害生物都可采用化学防治;便于大面积使用及机械化操作;便于规模工业化生产;便于贮藏和运输。所以化学防治是当前国内外防治有害生物最常用的方法,也是最广泛采用的防治手段之一,是有害生物防治中的一项重要措施。

化学防治虽有诸多优点,但化学防治也不是万能的,如果使用不合理,也会出现一些问题。如相当部分农药毒性大,易造成人畜中毒,影响人体健康;杀伤天敌;污染环境;破坏生态平衡,引起害虫的再次猖獗;长期单一使用某一品种农药,有害生物会产生抗药性等。因此,化学防治时要选择高效、低毒、低残留的农药;改变施药方法;减少用药次数;同时其他防治方法相结合,扬长避短,充分发挥化学防治的优越性,减少其副作用。

【任务实施】

一、材料及工具的准备

(1)材料用具 当地气象资料、栽培品种介绍、栽培技术措施方案和病虫害种类及分布情况等资料。

(2)器材 调查工具、笔、记录本、联网电脑等。

二、任务实施步骤

(一)做好准备工作

(1)了解当地农作物的丰产栽培技术。

(2)了解掌握当地农作物栽培品种的抗病性和抗虫性等特征。

(3)了解掌握当地农作物主要病虫害及常发生病虫害的种类、发生情况和发生规律。

(4)了解分析当地气候条件对该作物生长发育和对主要病虫害种类的影响。

(5)了解分析当地土壤状况、前茬作物种类及对作物生产和主要病虫害发生发展的影响。

(二)掌握好制定农作物病虫害防治方案的原则和要求

(1)制定农作物病虫害防治方案要贯彻"预防为主、综合防治"的植保工作方针,病虫害的防治要保证、服务服从于农作物高产、优质、高效益的生产目标。

(2)从生态学和农业生态学的观点出发,全面考虑农业生态平衡、保护环境、社会效益和经济效益。

(3)因地制宜地将主要害虫的种群和主要病害的发生危害程度控制在经济损害水平以下,体现控的主旨,而非彻底消灭,保证生态平衡。

(4)充分利用农业生态系统中各种自然因素的调节作用,因地制宜地将各种防治措施,如植物检疫、农业防治、物理机械防治、生物防治和化学防治等纳入当地农作物生产技术措施体系中,以获得最高的产量,最好的产品质量,最佳的经济、生态和社会效益。

(5)从实际出发,因地制宜,量力而行,有可操作性。目的明确,内容具体,语言简明、流畅。

(三)制定农作物综合防治方案

(1)标题　×××综合防治方案

(2)单位名称　略。

(3)前言　根据方案类型概述本区域、作物、病虫害的基本情况。

(4)正文包括

①基本生产条件:气候条件分析、土壤肥力、施肥水平和灌溉等基本生产条件。②主要栽培技术措施:前茬作物种类、栽培品种的特性、肥料使用计划、灌水量及次数、田间管理和主要技术措施指标等。③发生的主要病虫害种类及天敌控制情况分析。④掌握病虫害的发生规律、发生条件及生活习性。⑤提前做好田间调查和预测预报,确定防治适期和防治田块。⑥综合防治措施:根据当地具体情况,依据植物及主要病虫害发生的特点统筹考虑、确定各种防治措施的整合。

在正文中,要以综合防治措施为重点,按照制定病虫害防治方案的原则和要求具体撰写。

【任务考核】

任务考核单

序号	考核内容	考核标准	分值	得分
1	病虫发生规律等相关因素调查	防治对象与防治方案制定相关因素的全面性和相关性	20	
2	病虫调查工作	能准确调查,数据处理分析	20	
3	病虫防治方案	防治方案全面、可行,与当时当地条件相适应	50	
4	回答问题	准确,有针对性	10	

【归纳总结】

通过本任务的实施,我们可以发现,想要制定一个有效的综合防治方案,不仅要考虑病虫的发生条件、发生规律等因素,还要对其进行准确的田间调查,数据分析,为防治方案的制定打下良好的基础,同时,一个好的防治方案,要与当地实际条件相结合,具有可行性。防治方案的制定,还要考虑其生态性,减少对环境污染,减少对天敌杀伤,减少农药残留。

(1)病虫害防治方案制定的原则主要有 安全原则、协调原则、生态原则、经济原则。

(2)常用的病虫防治措施主要归纳为 植物检疫、农业防治法、生物防治法、物理防治法、化学防治法。其中前四种生态、安全,具有一定的可持续性,但速效性差;化学防治速效性好,但需要加强药剂种类和施药方式的选择,减少对环境污染和天敌的杀伤,本着高效、低毒,低残留的原则。

(3)植物检疫防治是"预防为主,综合防治"原则中预防为主的最集中体现,检疫对象的确定有三条原则:人为传播、具有危害性、当地没有或未大面积分布。

【自我检测和评价】

1.有害生物综合治理的原则有哪些?

2.检疫对象分哪两类,分别是什么?

3.常用防治措施有哪些,各有哪些优缺点?

【课外深化】

一、综合治理的三个层次

(1)以一个主要害虫(或病害)为对象,制定综合防治措施。如桃小食心虫综合治理措施。

(2)以一种作物或者作物的某一生育阶段为对象,制定这种作物(或这一发育阶段)的主要病虫害综合治理的措施。如苹果病虫害的综合治理措施。

(3)以整个农田为对象,制定整个农田的各种主要作物上的主要病虫害的综合防治措施,并将它们纳入整个农田的生产管理体系中去。如果园病虫害综合治理体系。

二、经济为害水平与经济阈值

经济为害水平:造成作物经济损失的害虫最低种群密度。

经济阈值:决定应用控制措施时的害虫种群密度,以阻止到达经济为害水平时的害虫种群密度。

一般经济阈值是略低于经济为害水平的种群密度,在此密度时,必须采取某些防治措施,以阻止害虫达到经济为害水平。

三、果树病虫害十种物理防治技术

(1)剪 结合冬剪和夏剪,对病枯枝、虫卵枝、僵果、病果等进行剪除,统一烧毁。

(2)振 在生长季节期间,利用害虫假死特性,对金龟子震击树体,使之落下,搜集杀死;冬季在大雾天气,打击树枝,将介壳虫震落杀死。

(3)清 保持果园清净。冬季结合冬剪,彻底清除果园病枯枝、干僵果、落叶等,消灭菌虫源;夏季桃小危害果园,人工拾落果,有利减轻二代桃小的密度和第二年的危害。

(4)刮 进行人工刮除枝、干老翘皮及腐烂病斑,一些害虫,如在树皮缝中有越冬习性的红蜘蛛,可通过刮除被杀死。

(5)刷 对介壳虫点片发生严重的枝干,可用硬毛刷刷除越冬若虫、卵囊等,以降低虫口数,在生长季节里,采用刷除方法,效果很好。

(6)诱 利用害虫对某种物质条件强烈趋向进行诱杀,利用灯火诱杀小蛾、金龟子成虫,饵木诱杀天牛、象甲;用昆虫性诱剂诱杀害虫,主要有桃小食心虫,金纹细蛾、梨小食心虫、苹果小卷叶蛾、桃蛀螟等。

(7)阻 早期落叶病、红蜘蛛、桃小等均有地下越冬习性,在4月初进行地膜覆盖,不使病原菌、害虫上树,有利消灭出土幼虫和羽化的成虫。对枣树象甲、步曲的高发区,在3月上旬堆土堆、挖隔离沟、用塑料捆扎树干,阻杀害虫。

(8)捉 人工捕捉杀死害虫,夏天捕捉天牛成虫等。

(9)翻 结合施肥,深翻树盘,清除虫蛹,用于杀灭蛰伏于地下的害虫,由于深翻到地下层闷死,或于表层冻死、晒死或被天敌捕食。

(10)冲 白粉病、锈病,在夏季高温干燥时易流行,蚜、蚁、螨等害虫也喜欢干燥无风环境,在病虫发生初期和最小时期,利用高压喷枪冲刷,能有效地消灭病虫危害,确保果树健康安全生长发育,有利高产丰收。

学习小结

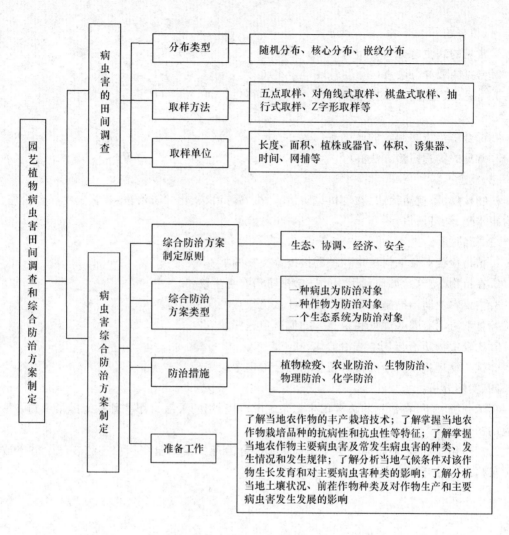

目标检测

一、填空题

1.常见的病虫害分布类型有(　　　)(　　　)(　　　)。

2.常见的取样方法有(　　　)(　　　)(　　　)(　　　)(　　　)等。

3.常见的病虫调查取样单位有(　　　)(　　　)(　　　)(　　　)(　　　)(　　　)等。

4.综合防治方案制定的原则有(　　　)(　　　)(　　　)(　　　)。

5.常见的物理防治方法有(　　　)(　　　)(　　　)(　　　)等。

二、概念

植物检疫、农业防治法、物理机械防治法、生物防治法、化学防治法、有害生物综合治理、经济为害水平、经济阈值。

三、简答题

1.植物检疫对象如何确定？植物检疫分类哪两类？

2.在植物生产中,如何利用生物防治来防治有害生物？

3.主要农业防治措施有哪些？具有什么优缺点？

4.化学防治有哪些优点和缺点？如何避免这些缺点？

5.比较生物防治与化学防治的优、缺点。

6.试述物理机械防治法在有害生物综合治理中应用现状与前景。

四、实例分析

1.请分析一下,在常见的蔬菜田生态系统中,可利用的天敌有哪些种？请尽量识别并搜索相应的图片。

2.搜集相应资料,制定园艺系果园病虫害综合治理方案或温室病虫害综合防治方案或露地蔬菜病虫害综合防治方案。

参 考 文 献

[1]方中达.植病研究法.3 版.北京:中国农业出版社,1998.

[2]邱强.中国果树病虫原色图鉴.郑州:河南科学技术出版社,1996.

[3]北京农业大学.昆虫学通论(上).北京:农业出版社,1980.

[4]吕佩珂.中国蔬菜病虫原色图谱.北京:中国农业出版社,1992.

[5]吕佩珂.中国蔬菜病虫原色图谱.续集.呼和浩特:远方出版社,1996.

[6]萧采瑜,任树芝,尔怡.中国蝽类昆虫鉴定手册.北京:科学出版社,1981.

[7]中国科学院动物研究所.中国农业昆虫.北京:中国农业出版社,1986 .

[8]范怀忠等.植物病理学.北京:中国农业出版社,1988.

[9]北京农业大学.农业植物病理学.2 版.北京:.农业出版社,1991.

[10]管致和.植物保护概论,北京:中国农业大学出版社,1995.

[11]方中达.植病研究法.3 版.北京:中国农业出版社,1998.

[12]吴郁魂,彭素琼等.作物保护.成都:天地出版社,1998.

[13]北京市植物保护站主编.植物医生实用手册.北京:中国农业出版社,1999.

[14]李忠诚,吴郁魂,刘永琴.植物保护基础.四川:四川科学技术出版社,2000.

[15]李洪连、徐敬友.农业植物病理学实验实习指导(植保、农学、园艺等专业用).北京:中国农
    业出版社,2001.

[16]陈利锋.农业植物病理学.北京:中国农业出版社,2001.

[17]侯明生.农作物病害防治手册.武汉:湖北科学技术出版社,2001.

[18]徐冠军,植物病虫害防治学.北京:中央广播电视大学出版社,2001.

[19]韩召军,植物保护学通论.北京:高等教育出版社,2001.

[16]李忠诚,刘永琴.作物病虫防治学.四川科学技术出版社,2002.

[17]李清西,钱学聪.植物保护.北京:中国农业出版社,2002.

[18]叶钟音.现代农药应用技术全书.北京:中国农业出版社,2002.

[19]赖传雅.农业植物病理学.北京:科学出版社,2003.

[20]徐洪富.植物保护学.北京:高等教育出版社,2003.

[21]张有军等.农药无公害使用指南.北京:中国农业出版社,2003.

[22]李庆孝,何传榟.生物农药使用指南.北京:中国农业出版社,2004 .

[23]裘维蕃.植物病毒学.北京:科学出版社,1985.

[24]张学哲.作物病虫害防治.北京:高等教育出版社,2005.

[25]刘学敏,陈宇飞.植物保护技术与实训.北京:中国劳动社会保障出版社,2005.

[26]肖启明,欧阳河.植物保护技术.2 版.北京:高等教育出版社,2005.

[27]张随榜.园林植物保护.北京:中国农业出版社,2001.

[28]侯明生.黄俊斌.农业植物病理学.北京:科学出版社,2006.

[29]程亚樵.作物病虫害防治.北京:北京大学出版社,2007.

[30]邰连春.作物病虫害防治,北京:中国农业大学出版社,2007.

[31]乔卿梅,史洪中.药用植物病虫害防治.北京:中国农业大学出版社,2008.

[32]魏景超.真菌鉴定手册.上海:上海科学技术出版社,1979.

[33]李本鑫,周金梅主编.园林植物病虫害防治技术.大连:大连理工大学出版社,2012.

[34]陕西省农林学校.农作物病虫害防治学各论.第1版.北京:农业出版社,1980.

[35]袁会珠.农药使用技术指南.北京:化学工业出版社,2004.

[36]李传仁.园林植物保护.北京:化学工业出版社,2007.

[38]李忠诚,刘永琴.作物病虫防治学.四川:四川科学技术出版社,2002.

[39]费显伟.园艺植物病虫害防治.北京:高等教育出版社,2010.

[40]中国农业技术推广服务中心.无公害果品生产技术手册.北京:中国农业出版社,2003.

[41]叶恭银.植物保护学.杭州:浙江大学出版社,2006.

[42]任欣正.植物病原细菌的分类和鉴定.北京:中国农业出版社,2000.

[43]张红燕,石明杰.园艺作物病虫害防治.北京:中国农业大学出版社,2008.

[44]程亚樵,丁世民.园林植物病虫害防治.北京:中国农业大学出版社,2011.

[45]李本鑫.园林植物病虫害防治技术.大连:大连理工大学出版社,2012.

[46]吴郁魂,刘丽云.作物病虫害防治.北京:化学工业出版社,2011.

[47]高玉彬,李法勤.桑园桑天牛的为害调查与防治.山东蚕业,2001,1:15.

[48]王子迎,谭根甲,付红梅.有害生物综合治理(IPM)的几点探索.安徽农业科学,2001,29(1):54-55.

[49]孙劲.果树食心虫的发生与防治.农技服务.2010,27(6):738-739.

[50]刘随存,赵瑞良,吕小红.桑天牛发生规律的研究.山西林业科技,1996,1:23-25.

[51]杨春香.芳香木蠹蛾的发生特点与防治措施.中国植保导刊,2008,6:46.

[52]迟德富,孙凡,甄志先.柳蝙蝠蛾生物学特性及发生规律.中国林业科学,2000,11(5):757-762.

[53]王伯华.果树病虫害"十种"物理机械防治新技术.农村科技信息,2007,11:32.

[54]中国昆虫网.

[55]中国园林网.

[56]中国风景园林网.

[57]中国农药网.

[58]中国农药第一网.

[59]中国农药信息网.

[60]园林花卉网.